# 프리츠커상을 빛낸 현대건축가

2001~2010

# 서 문

건축을 이해하고 공부하는 방법에는 여러 가지를 생각할 수 있으며 그 중 가장 좋은 방법은 직접 찾아가 만져보고 느껴보는 것이다. 그러나 전 세계의 유명작품을 다 찾아간다는 것은 현실적으로 어려우며 어떤 건축가의 작품을 찾아갈 것인가를 선택하는 것도 쉽지 않다. 또 하나의 방법으로는 현대건축에 한 획을 그은 영향력 있는 건축가의 사상을 알아보고 작품을 분석해보면서 깨닫는 것도 좋은 방법이 되리라 생각된다.

이 책은 두 번째 방법에 속한다고 볼 수 있는데, 건축의 노벨상이라 불리는 프리츠커상을 수상한 건축가의 사상과 작품을 분석해 봄으로써 현대건축의 흐름을 쉽게 이해하고 자신의 건축관을 정립하는 데 도움이 되었으면 하는 바람에서 시작되었다. 이러한 관점에서 이 책은 다음과 같은 내용으로 구성되었다. 먼저, 2001년에서 2010년까지 프리츠커상을 수상한 건축가들의 간단한 약력, 사상 및 작품을 살펴보고 요약하였다. 다음으로는 주요 작품 중 하나를 선택하여 평면, 입면, 내부 사진과 함께 분석하였다. 주택은 건축의 가장 기본이 되며 건축가의 사상을 잘 표현하고 있어 가능한 주택을 중심으로 분석하고자 하였다. 마지막으로 프리츠커상의 수락연설문을 번역하여 수록하였는데, 수락연설 속에는 그들이 생각하는 건축에 대한 사상이 잘 나타나 있어 건축관을 이해하는데 매우 효과적이기 때문이다. 이 책에서 특히 비중 있게 다룬 부분은 수상자의 주택분석과 프리츠커상 수락연설 부분으로 수상자의 주택분석에서는 주택분석과 함께 그들이 추구하는 건축적 시각을 살펴보려고 노력하였으며, 프리츠커상 수락연설에서는 직역보다는 의역에 중점을 두어 보다 쉽게 이해할 수 있도록 하고자하였다.

1979년 제정된 프리츠커상도 어느덧 서른여섯 번째 수상자를 발표하였다. 우리의 이웃인 일본은 벌써 다섯 번째 수상을 하였고, 중국도 2012년에 수상자를 배출하였는데, 우리나라는 아직도 수상자를 내지 못하고 있어 너무 안타깝다. 우리나라에서도 조속한 시일 내에 수상자가 나와 건축문화의 선진화를 앞당기는 계기가 되길 기도해 본다.

끝으로, 이 책의 집필과 수정하는 과정에서 도움을 주셨던 분들께 감사드리며 특히, 출판을 위해 적극적으로 도와주신 기문당의 강해작 사장님, 그리고 사랑하는 가족에도 감사를 드립니다.

2013년 10월

고요한 밤 덕관연구실에서

## Contents

# Jacques Herzog & Pierre de Meuron

**Pritzker Architecture Prize Laureate 2001**

## PROFILE

1950 스위스 바젤(basel)에서 출생

1957 7살 때 친구로 만나 현재까지 공동작업
(첫 만남시 헤르조그는 스위스어를, 드 뮤론은 프랑스어를 사용)

1975 스위스의 취리히 연방공과대학(Federal Institute of Technology(ETH) 건축학사
(당시 신합리주의의 기수였던 Aldo Rossi와 Dolf Schnebli로부터 지도받음)

1978 스위스 바젤에 Herzog & de Meuron 설립

1983 Herzog, Cornell University 객원교수

1994 히비드대학교 디지인대학원 객원교수

1999 취리히 연방공과대학교 교수

2000 런던 템즈강변의 Bankside Power Station을 Tate Modern으로 개조(Tate galleries 중의 하나, 국제공모전에서 당선되면서 이름을 알리기 시작)

2001 프리츠커상 수상

2003 스털링상 수상(Laban Dance Center)

2007 RIBA Royal Gold Medal(영국), Praemium Imperiale(일본) 수상

2009 RIBA Lubetkin Prize(Beijing National Stadium) 수상

현 재 바젤의 사무실을 중심으로 Hamburg, London, Madrid, New York 의 사무실에서 24개의 국제적인 협력회사와 300명의 협력자들과 유럽, 아메리카, 아시아 등지에서 작품 활동

## THOUGHT

**"The strength of our buildings is the immediate, visceral impact they have on a visitor."**

재료의 진솔한 물성, 자연과의 조화, 빛의 연출, 그리고 콘크리트의 한계에 대한 도전 때문에 노출콘크리트를 주재료로 사용한다는 안도 타다오와 같은 건축가가 있는 반면, 헤르조그 & 드 뮤론에게 있어 관심 있는 것은 고정성에 대한 거부로써 물질을 재해석하는데 있다. 새로운 재료의 사용보다는 일상적인 재료를 통하여 감각적이고 변화하는 물성을 제공함으로써 건축적 표현을 더 풍부하게 하고 재료의 가능성을 재해석 및 변용하려 한다. 하지만 실크스크린, 사진, 텍스트 등 일상적이지만 비건축적 요소들을 건축화하기도 한다.

재료의 물성뿐만 아니라 재료의 구축에 있어서도 기본적인 구축논리를 변화시킴으로써 재료의 새로운 의미를 부여하고 있는데 대표적인 예로 Stone House와 Dominus Winery를 들 수 있다. Stone House에서는 석재와 콘크리트의 교차를 통하여, Dominus Winery에서는 주철망과 석재의 돌망태 gabion를 통해 구축방법에 새로운 의미를 부여하고 있다.

헤르조그는 그들의 건축에 대하여 다음과 같이 말한다. "건물은 건물입니다. 책처럼 읽힐 순 없습니다.

즉, 갤러리의 그림처럼 평판이나 부주제, 라벨도 없습니다. 그런 면에서 우리는 절대적으로 반표상적 anti-representational 입니다. 우리 건물의 힘은 방문자들이 가지는 즉각적이며 본능적인 충격입니다." 또한 재료에 대해 언급하기를, "물질(재료)의 세계는 우리가 다루고자 하는 것입니다. 우리는 어떤 문제가 있는가를 이해하려고 노력합니다. 재료가 의미하는 것이 무엇이며, 특별한 성질을 향상시키기 위하여 어떻게 재료를 사용할 것인가를 이해하려 노력합니다." 이처럼 재료가 갖는 형태적 잠재성은 건축의 표피를 통해 극대화되며 공간의 미학적인 경험으로까지 이어진다.

그들은 재료의 본성에 주목하여 단순히 새로운 표피를 실험하는데 머물지 않고 구축과 형태, 공간을 결합하여 근원적인 건축으로 회귀하려 노력하고 있으며 의미론적이거나 관념적인 것을 거부하고 직접적 · 물리적 · 감성적 이미지의 영향을 추구한다.

건축비평가인 Ada Louise Huxtable은 다음과 같이 언급하고 있다.

"그들은 모더니즘의 전통을 기본적인 단순함으로 정제하는 반면, 재료와 표피를 새로운 방법과 기술로 변형하고 있다."

## MAJOR WORKS

| | |
|---|---|
| 1986~1987 | Ricola Storage Building, Laufen, Switzerland |
| 1984~1988 | Apartment Building along a Party Wall, Basel, Switzerland |
| 1989~1992 | Goetz Collection, Munich, Germany |
| 1994~1999 | Central Signal Tower SBB, Basel, Switzerland |
| 1995~1998 | Dominus winery, Napa Valley, California |
| 1997~1999 | Küpersmühle Museum, Grothe Collection, Duisburg, Germany |
| 1998~2000 | Tate Modern, London, UK |
| 1996~2001 | St. Jakob-Park, Basel, Switzerland |
| 2001~2003 | Prada Aoyama Epicenter, Tokyo, Japan |
| 2000~2004 | Laban Dance Theater, Deptford Creek, London, UK |
| 2000~2004 | Forum Building, Barcelona, Spain |
| 1998~2004 | IKMZ, Cottbus, Germany |
| 1999~2005 | M. H. de Young Memorial Museum, San Francisco, California |
| 1999~2005 | Walker Art Center expansion, Minneapolis, Minnesota |
| 2007 | 40 Bond Street, New York, USA |
| 2001~2007 | CaixaForum Madrid, Madrid, Spain |
| 2004~2007 | Allianz Arena football stadium, Munich |
| 2003~2008 | Beijing National Stadium, Beijing, China |
| 2006~2010 | VitraHaus, Weil am Rhein, Germany |
| 2005~2010 | 1111 Lincoln Road parking garage, Miami Beach, Florida, USA |
| 2012 | Serpentine Gallery Pavilion, London, UK |
| 2009~2016 | Tate Modern Expansion, London, UK |

ANALYSIS

# Rudin House (Casa Rudin)

위치 : 3 Rue du Waldeck Leymen, Haut-Rhin, France
구조 : 철근콘크리트조
규모 : 지상 3층
대지면적 : 1,011 square feet(94㎡)
건축면적 : 1,722 square feet(160㎡)
연 면 적 : 2,798 square feet(260㎡)
준공년도 : 1997년
개념 : Evokes “a child's drawing of a house”

루딘하우스는 마치 어린아이가 그린 것 같은 분위기의 단순한 박공지붕과 굴뚝, 그리고 창문의 형태는 전형적인 주택을 연상시키는 반면, 캐노피와 돌출면도 없어 커다란 하나의 돌덩이가 지상에 떠 있는 듯한 강한 인상을 주고 있다. 지리적 조건을 보면 경사진 대지와 주변의 과수원에 의해 둘러져 전원적 풍경을 제공하고 있는데, 이는 벽의 콘크리트와 지붕의 Roofing Paper의 회색톤과 강한 대조를 보인다.

구조적으로는 모서리의 4개 작은 기둥과 가운데의 계단과 작은 창고에 의해 지지되면서 들어올려진 캔틸레버 바닥은 경사진 지형과 거리를 두고 부유해 있어 마치 플랫폼이나 알라딘의 나는 융단처럼 느껴진다(헤르조그 & 드 뮤론은 스케치에서 Sedan Chair라고 불렀다). 그리고 밤이 되면 거대한 랜턴처럼 전원을 비춰준다.

거실 및 외부에서 바라본 소연못

또한 지붕의 우수홈통은 돌출되지 않고 감추어져 있어 박공의 이미지를 더욱 부각시킨다. 지붕을 타고 내려온 우수는 들어간 홈통과 노출된 벽면을 타고 내려와 거실 좌측의 낮은 깊이의 콘크리트 연못으로 흘러내리고 자연스럽게 벽면에는 좁은 이끼 띠를 형성한다.

외부는 콘크리트의 회색톤이 지배적인데 반해 내부는 부드러운 백색과 남북으로 계획된 큰 창문을 통한 충만한 빛으로 인해 밝고 부드러운 느낌을 주고 있으며 가운데 위치한 계단을 통한 진입은 지붕까지 뚫린 계단실로 인해 극적인 공간감을 준다. 거실 서측면의 소연못과 일렬로 배열된 디딤돌, 그리고 반대편 테라스는 거실에서의 볼거리와 여유로움을 더해 준다.

진입방향 조감도

진입계단 및 2층 중앙계단

이 주택은 여러모로 자연에 열려 있는데 배면만이 대지경계선에서 4미터 들어왔을 뿐 나머지 3면은 대지경계선으로부터 상당히 안으로 들어와 있어 열린 대지를 느낄 수 있다. 또한, 거실 좌측의 소연못이 빛을 받으면 바닥부터 천장까지 뚫은 창문(H=2.56m)을 통하여 거실로 반사되고 물에 반사된 빛은 또 다른 분위기를 연출한다.

층별 구성을 살펴보면 경사진 지면은 1층으로 오르는 계단과 창고만 있고 필로티형식으로 떠 있다. 1층은 남향의 거실과 북향의 부엌과 침실, 화장실이 계단에 의해 분리된다. 2층은 남향은 2개 층으로 구성되어 낮은 높이의 침실(2.5m)과 다락방이 있고 북향은 천장이 높은 침실(4.9m)과 소욕조가 계획되어 있다. 소연못과 테라스를 제외한 건물의 규모는 11m×9m, 높이는 지면에서 지붕까지 12.36m이다(지층: 2.4m, 1층: 2.56m, 2층: 7.4m). 이와 비슷한 유형으로는 스위스 Oberwil의 Blue House(1980), 이탈리아 Tavole의 Stone House(1988), 독일 슈투트가르트의 Wood House(1995)를 들 수 있다.

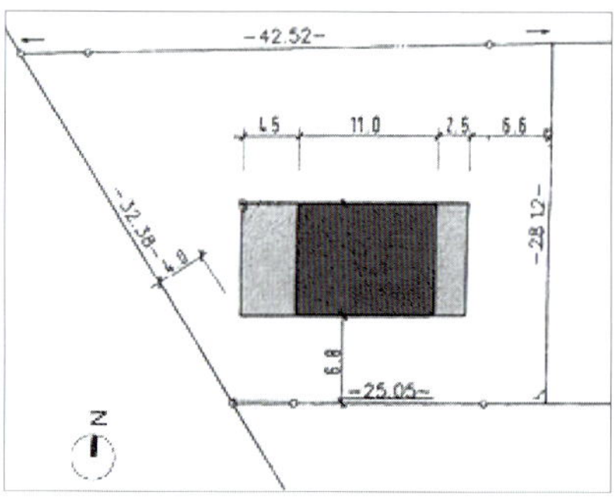

배치도

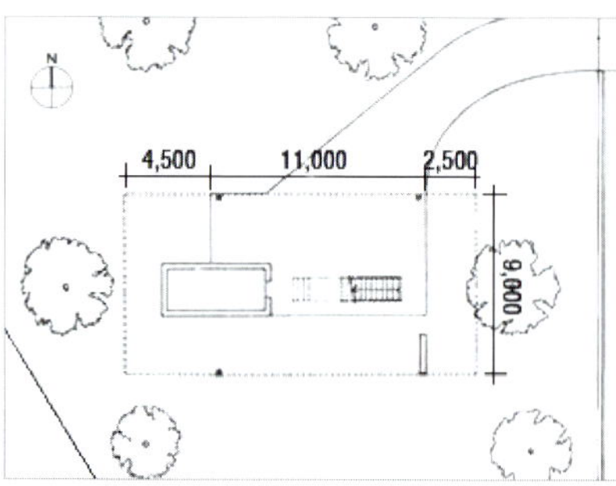

진입로

거실과 연결된 테라스

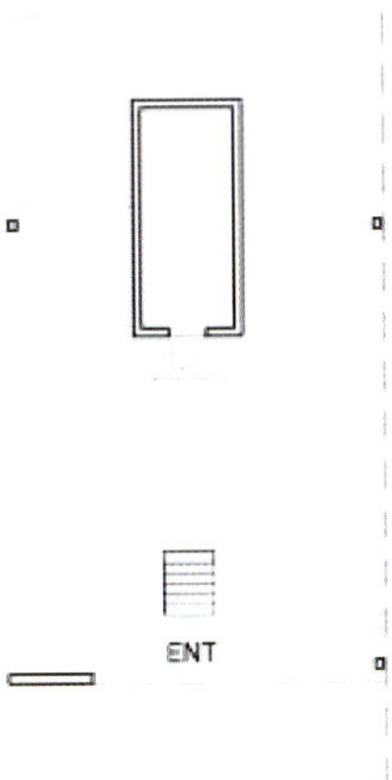


지하층 평면도

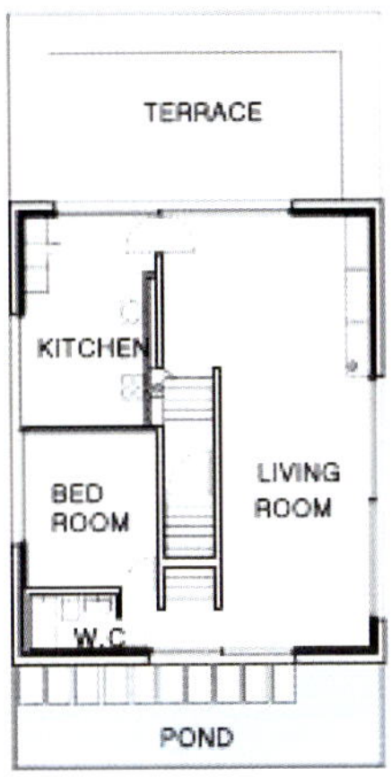


1층 평면도

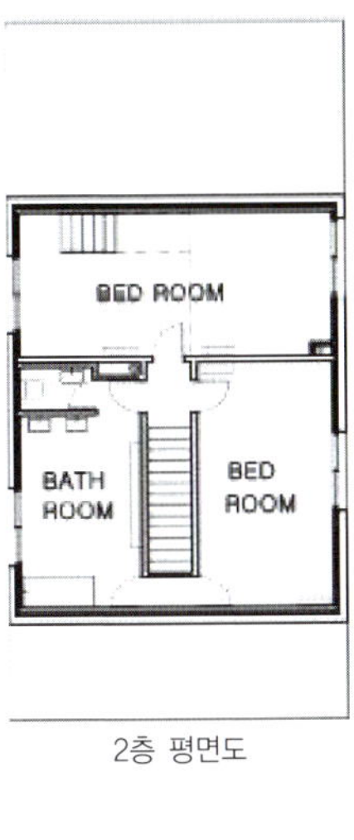


2층 평면도

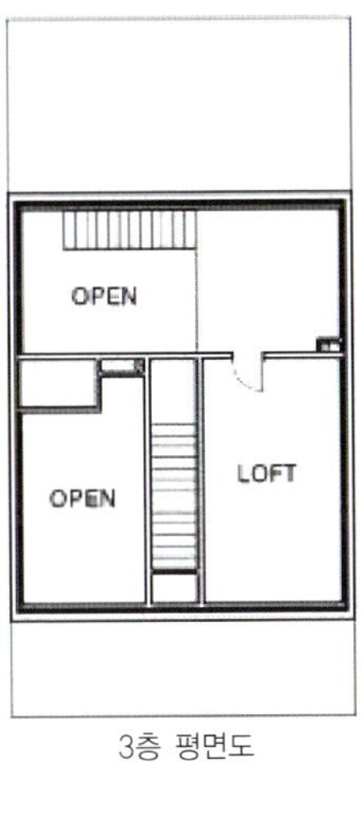


3층 평면도

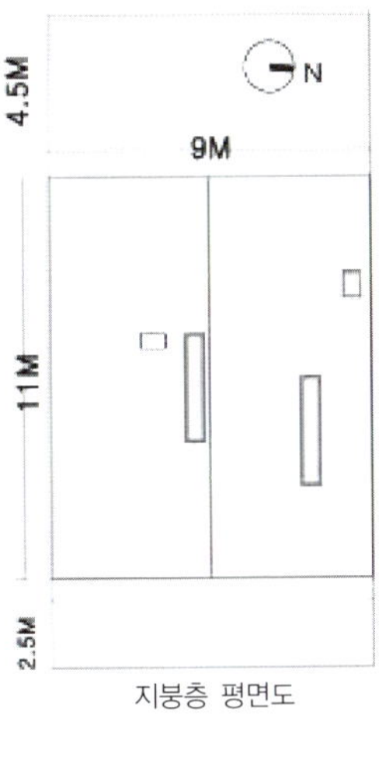


지붕층 평면도

2층의 침실 및 반대편 Loft

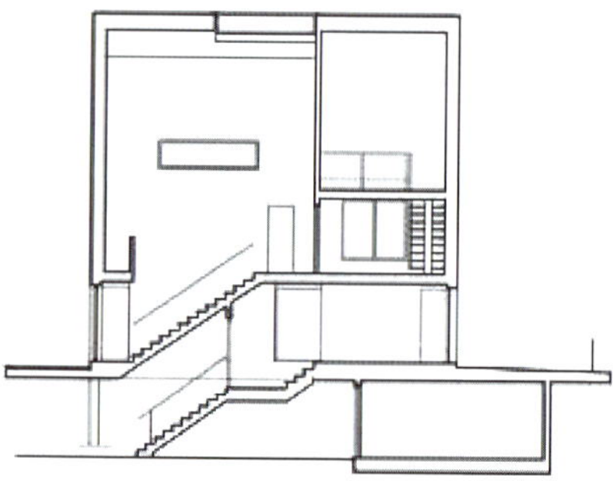

횡단면도

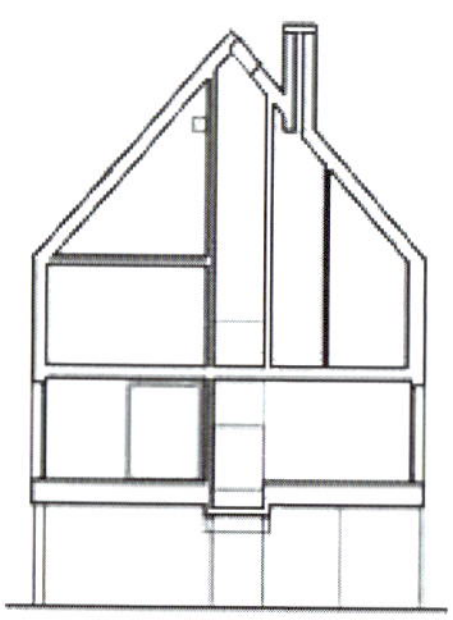

종단면도-1

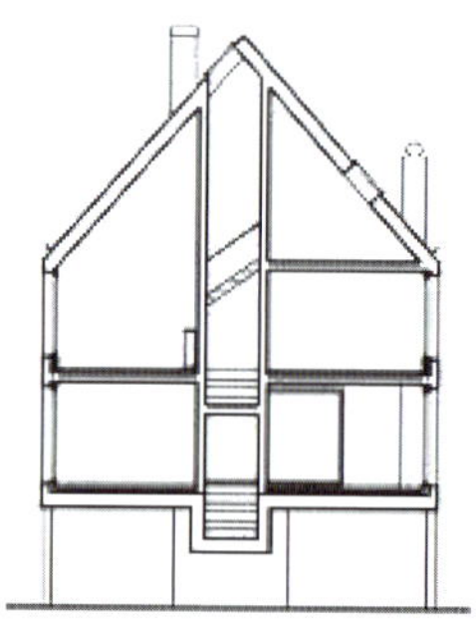

종단면도-2

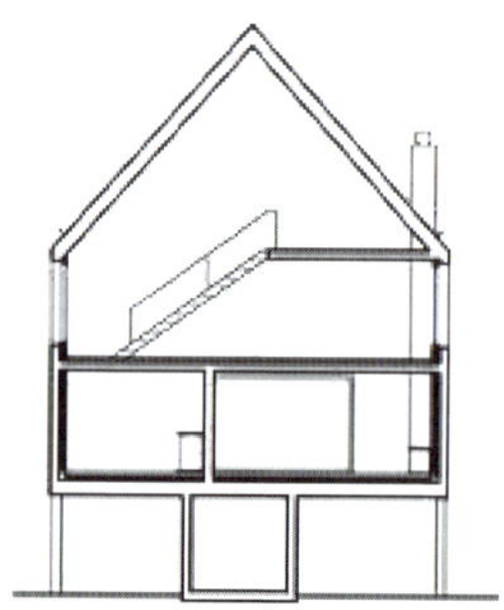

종단면도-3

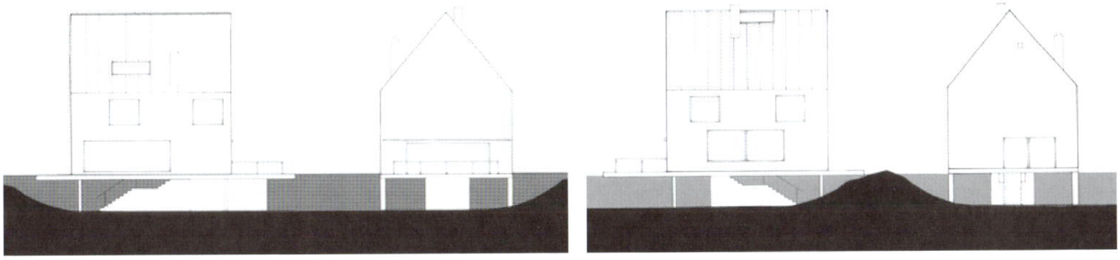

정면도 서측면도 배면도 동측면도

## ACCEPTANCE SPEECH

### Thomas Jefferson's Monticello in Charlottesville, Virginia

존경하는 프리츠커가와 프리츠커 여사님, 심사위원님들, 그리고 친구들과 신사숙녀 여러분께 여러모로 감사드립니다. 건축에 대한 여러분의 지속적이며 굴하지 않는 헌신에도 감사드립니다. 마치 어린아이가 마음속 깊이 무언가 얻기를 바라듯이, 갈망하며 희망하던 이 상을 받도록 우리를 선택해 주심에 감사드립니다. 오늘 이 저녁에 참석해 주신 몇 분의 의뢰인과 친구들에게도 감사드립니다. 그들은 프로젝트의 어려운 상황에서도 협상할 수 있도록 도와주시고 지지해 주셨습니다.

오래 전 하버드 GSD Harvard Graduate School of Design에 입학하게 해 주신 분들께도 감사드립니다. 미국에서 최고의 작품들을 실현할 기회가 주어지기까지 상당히 오래 전의 일이지만 GSD의 입학은 우리에게는 중요한 걸음이었음이 증명되었습니다. 우리의 파트너인 Harry, Christine, 그리고 믿기 어려울 정도의 헌신으로 오랜 세월 우리와 함께 일하고 있는 협력자들 모두에게도 감사드립니다.

1978년, Pierre와 저는 공동사무실을 열었지만 역사적인 결정도, 중대한 설립사건도 아니었습니다. 로잔공과대학 Federal Institute of Technology Lausanne에서 지난 학기를 보내면서 우리는 이미 많은 공통점을 갖고 있다는 것을 깨달았습니다. 서로로부터 독립하려는 것은 거의 반란이거나 자포자기의 행동이었습니다. 우리가 무엇을 더 할 수 있었을까요? 경제는 장밋빛이 아니었고 국내·외적으로 건축은 우리에게 이방인처럼 보였습니다. 우리는 우리가 무엇을 원하는지 알지 못했습니다. 단지 우리가 안 것은 우리가 원하지 않는 것이 무엇인가였습니다. 당시 Aldo Rossi는 40세였는데 함께 한 몇 학기는 우리를 열광으로 가득 채웠습니다.

Ricola Storage Building

Apartment Building along a Party Wall

Goetz Collection

Laban Dance Theater

Dominus winery

Küppersmühle Museum

Tate Modern

St. Jakob-Park

조악한 과정의 콘크리트로 만들어진 그의 초기 건축물에서, 우리는 Pasolini[1]와 Arte Povera[2] 사이에서 쉬고 있는 어떤 친밀감을 발견했습니다. 또한 우리는 그의 건조한 격언인 "건축은 건축이다"를 사랑했습니다. 왜냐하면 그 말은 매우 자극적인 단순한 생각처럼 보였고 오늘의 우리에게 여전히 중요한 것을 지적하는 것 같았습니다. 건축은 일종의 이념을 위한 수단으로서가 아닌 물질적이며, 핵심적인 다양성 안에서만 건축으로서 생존할 수 있습니다. 생각과 관념을 역설적으로 전달해 주는 것은 건축의 물질성입니다. 다시 말해서, 건축의 비물질성입니다. 이것은 오래된 이야기이지만 그 어느 이전보다 현재와 관련이 있습니다.

건축은 그 자체의 아름다움과 유혹, 생기, 그리고 심지어는 사람들에게 영감을 주기 때문에, 그리고 물질이며 때로는 물질을 초월하기 때문에 살아 있고 생존합니다. 하지만 학생으로서 너무나 사랑했던 Rossi의 무정부주의자이면서 시적인 측면은 점차적으로 포스트모더니스트의 시대정신으로 동화되었습니다. 여전히 남아 있는 것은 영속성과 유형학의 이론적인 엄격한 이념, 양식의 장식적이며 역사적인 요소의 갑작스런 우세, 모더니즘의 등장 이후로 당황스럽게 후퇴했던 장식의 등장 같은 것들입니다.

일반적으로 좀 더 비평적이며, 좀 더 급진적인, 그리고 정말 많은 새로운 그림이 떠오르고 쇄도하는 소위 야생회화 Wild Painting와 Transavanguardia의 패러다임을 대표하는 예술적이고 사회적인 변화를 채용하는데 있어 건축보다 앞서는 순수예술에서 우리를 위한 여유 공간은 없었습니다. 우리는 해체주의에서 이런 종류의 어떤 자유도 보지 못했습니다. 비록 우리가 중요한 철학적 주창자들에 의해 매혹되었지만 그것의 건축적 옹호자와 설명은 매우 지루했습니다. 초기에는 마치 건축에 생명을 불어넣어줄 것 같은 보이지 않고 숨겨진 무언가를 짜내려는 듯한 관습적인 사용을 바꾸기 위하여 다양한 종류의 형태와 재료를 실험하였습니다. 비록 우리는 의도한 바를 말로 표현하려고 끊임없이 시도했음에도 불구하고 특별하게 묘사할 수 없었지만 건축에 생

1) Pier Paolo Pasolini 이탈리아의 시인이자, 소설가이며, 영화감독(1922~1975)

2) Arte Povera '가난한, 빈약한 미술'이란 의미로 1960년대 중반 이탈리아에서 일어난 전위미술운동

Beijing National Stadium

Allianz Arena football stadium

40 Bond Street

CaixaForum Madrid

명을 불어넣는 것은 우리가 원하는 것이었습니다. 비록 현상학적인 질문들, 예를 들어 감각적인 인식에 대한 질문들, 언어적 기호의 기표와 기의에 대한 질문들은 항상 핵심적인 역할을 했지만, 무조건적으로 받아드릴 수 있다고 느낄 수 있는 어떤 철학도 없었습니다.

Remy Zaugg[3]는 수년간 우리와 함께 일하면서 우리의 관심사에 대해 끊임없이 질문하였습니다. 어쩌면 분명하고 단순한, 그러나 오히려 심오한 무엇을, 어디서, 어떻게, 누가에 관한 것이었습니다. 우리의 디자인은 최소화되어 갔고, 급진적으로 최소화되었습니다.

3) 스위스의 화가 겸 큐레이터(1943.1.11~2005.8.23)로서 건축과 공간의 인지에 관련하여 현대예술에 중요한 역할을 담당하였다.

Prada Aoyama Epicenter

갑자기 활동을 위한 방은 거대해졌습니다. 1980년대 초기에는 누구도 평면이나 단면으로써 직사각형, 즉 디자인의 기본인 박스를 사용하지 않았습니다. 우리는 어떤 이목을 끄는 형태는 없지만 주저하는 비모방의 유추로써의 건축을 원했습니다. 우리는 기억과 연상의 단서를 찾았습니다. 우리는 완벽한 축소나 순수한 추상을 원하지 않았으며, 세상을 단순화하거나 소위 본질을 위해 축소하려고 시도하지 않았습니다. 종교나 이데올로기에 성패를 걸지도 않았습니다.

우리는 미니몰리스트의 한 학파이기를 원하지 않았고, 오히려 건축에서 소위 칭하는 미니몰리즘에 의해 황폐화된 것에 경악했습니다. 미니몰리즘은 도덕과 완벽성과 관련이 있었고 잠재된 프로테스탄트적 열성의 각인을 가졌습니다. 우리는 점차 우리 디자인에서 사각형의 우세에 대하여 더욱 더 의심을 가지게 되었습니다. 그것은 너무 제한적이 되었습니다. 역설적으로 인식할 수 있는 최고의 단순함과 가장 기본적인 건축적 형태인 박스는 양식의 장치처럼 가치를 획득하였고, 우리는 항상 그것을 피하기 위해 부지런히 노력하였습니다. 하지만 전적으로 또 다르게 설명할 수도 있습니다. 우리의 작업에서 양식의 추측된 단절과 변화의 원인은 디자인의 동기부여뿐만 아니라 정신적인 것에도 있을 것입니다.

모더니스트의 공식적인 규범의 추측된 객관성은 프로젝트에 대한 협의와 오랜 시간의 협업을 그저 단순화하는데 제공되었을지도 모릅니다. 사실, 그러한 것은 팀으로서 우리에게 열렸습니다. 우리는 젊었을 때부터 2인조로 일했고, 최근에는 오늘 이곳 몬티첼로에 참석한 2명의 파트너, Harry Gugger,

Christine Binswanger와 일해 왔습니다. 아마도 Pierre와 그 후 다른 파트너와의 공저는 최근에 깜짝 놀랄만한 깨달음을 주었는데 우리의 작업에서 개인적으로 독특한 몸짓으로 표현하는 형태와 이미지는 정말 실현가능하며 좀 더 열정적으로 표면화되고 있습니다.

뉴욕의 Astor Place를 위한 프로젝트에서 프리츠커상 수상자인 Rem Koolhaas와 일하면서 복잡한 팀 구성의 경험은 혼자서 밀봉되어 고립으로부터 나오는 것보다 훨씬 복잡한 건축까지도 가능하다는 것을 보여주었습니다. 분명히 Pierre와 저는 오랫동안 프로젝트들을 발전시켜왔기 때문에 우리는 다른 형태나 공간뿐만 아니라 협력해서 일해야 하는 곳에서 점점 더 다른 사람이나 다른 지역을 포용할 수 있었습니다.

최근 우리 작업에서 나타나는 조각적이거나 겉보기에 우연한 요소들, 조형적이거나 혼란스런 것들은 단일 작가의 몸짓의 결과가 아니며 이전부터 발전한 형태 · 양식만큼 개념적 전략의 결과입니다. 개념적 접근은 작가로서 보이지 않게 함으로써 각각의 프로젝트를 발전시키는 장치입니다.

1111 Lincoln Road parking garage

M. H. de Young Memorial Museum

Walker Art Center expansion

Tate Modern Expansion

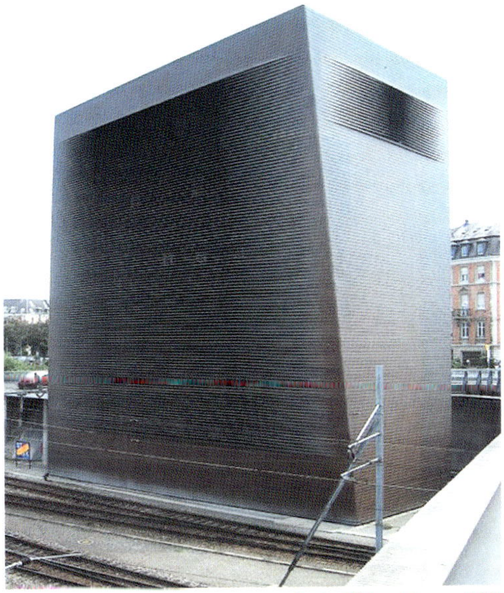

Central Signal Tower SBB

Forum Building

IKMZ

물론, 비가시성은 숨길 수 없는 헤르조그 & 드 뮤론의 이름에는 적용할 수 없고, 지금은 프리츠커상 덕분에 더욱 그렇지만 우리의 건축적 정체성에는 적용됩니다. 그것은 우리의 스타일을 굳건히 하기 보다는 새로운 프로젝트마다 다른 모습의 건축을 위해 자유로움을 부여하는 전략입니다. 이는 또한 재료나 표피에 대한 연구를 끊임없이 강화하는 것으로 때로는 홀로, 때로는 다양한 생산자나 연구소 등의 예술가와 심지어는 생물학자와 협력하는 것을 의미합니다. 우리는 아름다운 일본 벚꽃이나 응결되고 치밀한 알프스산맥의 바위들, 불가사의하고 이해하기 어려운 대양의 표면 같은 재료들을 찾았습니다. 우리는 지적이고 고결하며 자연현상처럼 복잡한 재료를 찾았고 놀라운 예술비평의 망막을 간질이거나 눈, 코, 귀, 미각, 촉각 등 우리의 모든 감각에 호소하거나 효율적일 수 있는 재료를 찾았습니다.

대부분은 실패했고 계속적으로 실패했는데 그 이유는 새로운 개발을 위한 기술적 · 방법론적인 상황을 마련하는 것에는 너무 무관심하거나 그것을 위한 시장도 없었기 때문입니다. 더욱이 정치적으로, 사회의 생태학적으로나 에너지 측면을 개선하기 위한 요구는 경제의 건설 부분을 다루는데 있어 충분히 급진적이지 않았습니다. 건축적 연구를 주요산업의 관심사에까지 확장하려던 바람은 세상에 대한 낭만적으로 변모된 관점으로, 짧은 기간 보조할 수 있는 특권을 준 Joseph Beuys사상의 여파로 표현되거나 아니면 21세기 건축의 가능한 역할로 언급될까요? 우리는 건축의 미래에 대한 예언적 성명을

Serpentine Gallery Pavilion

만드는데 관심이 없습니다. 하지만 이러한 관점에서 하나의 견해는 있습니다. 최근 국제적 스타 만들기 증가는 건축세계에서 변위의 거대한 전쟁으로 나타나고 있습니다.

작가적 건축가들의 좁은 계층은 압도적으로 90% 이상 대부분인 모방건축의 반대편에 서 있습니다. 본질적으로 와인의 세계에서 불려지는 Appellation Controlee(특정지역의 와인에 대한 품질보증관리명칭)가 없는 건축입니다. 거의 남아 있지 않은 틈새나 희망없는 가능성의 디자인 공모전에 필사적으로 구원을 찾는 소수의 젊은 사람들뿐, 그 사이에서 남는 것은 거의 없습니다. 자유분방하게 퍼지는 모방건축은 더 이상 작가에 의해 계획되지는 않지만 대신 존재하는 이미지를 가장하거나 재생산하고 조작하며 소모하고 있습니다.

모든 이미지뿐만 아니라 생존을 위한 모든 혁신을 흡수하는 이러한 모방건축의 엄청난 소용돌이에 수동적으로 이용당하는 대신, 우리는 생명공학처럼 일종의 제제를 변화시키는 반전 안에서 가능한 전략을 통하여 적극적으로 실험해 볼 수 있습니다. 그리고 그것은 당연히 오늘날의 건축과 인간사회에서, 무시무시한 것뿐만 아니라 가장 특별한 성취를 위한 여지를 남겨두는 놀라운 위도에서 가장 흥미로운 전망이 될 것입니다. 감사합니다.

# Glenn Murcutt

## Pritzker Architecture Prize Laureate 2002

### PROFILE

| | |
|---|---|
| 1936 | 런던에서 호주인 부모에서 출생, 파푸아 뉴기니의 Morobe주에서 유년시절 성장 |
| 1941 | 가족과 함께 호주로 귀환 |
| 1950~1955 | Sydney Manly Boys High School 졸업 |
| 1956~1961 | Sydney Technical College(UNSW) 졸업 |
| 1962~1964 | 그리스, 영국, 북유럽을 중심으로 1차 여행 |
| 1964~1969 | 시드니의 Ancher, Mortlock, Murray and Woolley 사무소에서 실무 |
| 1969 | 시드니에서 개인 설계사무실 개설 |
| 1970~1979 | 시드니대학 디자인 강사 |
| 1973 | 멕시코, 미국, 영국, 프랑스, 스페인을 대상으로 2차 여행 |
| 1984~1985 | 유럽과 북아프리카 여행 |
| 1986~1987 | 멕시코와 미국 여행 |
| 1992 | 호주 RAIA금상, 핀란드 알바 알토상 수상 |
| 1999 | 덴마크 아카데미 '녹색 핀' 수상 |
| 2001 | 토머스 제퍼슨 메달 수상 |
| 2002 | 프리츠커상 수상 |
| 2009 | AIA(Green Building Awards) 금상 수상 |
| 현 재 | UNSW Built Environment 교수, 예일대, 펜실베이니아대, 헬싱키대를 비롯한 여러 대학의 초빙교수 |

## THOUGHT

**"I cannot pursue my architecture without considering the minimization of energy consumption, simple and direct technologies, a respect for site, climate, place and culture."**

대부분의 프리츠커상 수상자들은 비교적 규모가 큰 건축설계회사를 통해 다국적으로 다양한 용도의 건축물을 제시하는 반면, 글렌 머컷은 혼자서 운영하는 설계사무소에서 시드니를 중심으로 한 주택설계가 대부분이면서 외국에서 진행한 작품은 전혀 없는 건축가로 파푸아 뉴기니에서 유년시절과 호주의 원시적인 자연은 자연친화적 사고를 형성하는 데 큰 영향을 미쳤다.

"우리는 단순하게, 그리고 자연의 법칙과 조화롭게 살아야 한다."고 주장한 헨리 데이비드 소로우 Henry David Thoreau와 단순함을 강조한 미스 반 데 로에 Mies van de Rohe의 사상, 그 밖에도 지역성을 강조한 Luis Barragan, Alvar Aalto, Frank Lloyd Wright, 그리고 Jorn Utzon 등은 그의 자연주의적 건축관을 형성하는 데 큰 영향을 미쳤다.

특히, 1973년 파리에서 피에르 샤로우 Pierre Chareau의 '유리의 집 Maison de Verre, 1931' 방문은 새로운 전기가 되었다. 정교한 디테일을 통해 벽의 일부가 철제 셔터로 만들어져 거주자의 필요에 따라 개폐가 가능한 '살아 있는 피막 active skin'으로 이용되는 것을 보고 대량생산이 아닌 기술자를 통해 만들어진 정교한 철물임을 알게 되어 지역의 기술과 재료를 이용한 수공예적이면서도 경제적으로 저렴한 디테일을 추구하게 되었다.

건축 칼럼리스트인 Jackie Craven은 그의 건축적 사고를 다음과 같이 시술하고 있다.

1. Use Simple Materials : 호주 현지의 자연에서 손쉽게 구할 수 있는 비싸지 않은 재료.
2. Touch the Earth Lightly : 원주민 속담 "touch the earth lightly(땅을 가만히 두드려라)"을 인용하여 자연과 땅과 바람을 건축요소로 사용.
3. Follow the Sun : 자연광 사용을 통한 에너지 소비는 최소화하고 효용은 극대화.
4. Listen to the Wind : 설계한 주택은 무덥고, 열대기후인 호주 북부지역에서도 환기가 잘 되어 냉방기 불필요.

글렌 머컷은 대지와의 소통, 주변 환경과 기후와의 소통, 지역의 다양한 재료와의 소통을 통해 지역기술을 활용하여 에너지사용을 최소화하고 자연과 교감하는 친자연주의적 건축, 지속가능한 건축물을 추구하는 친환경 건축가라 할 수 있다.

## MAJOR WORKS

| | |
|---|---|
| 1974~1975 | Marie Short/Glenn Murcutt House, Kempsey, New South Wales |
| 1981~1982 | Fredericks House, Jamberoo, New South Wales |
| 1981~1983 | Ball-Eastaway House, Glenorie, Sydney |
| 1982~1984 | Magney House, Bingie Point, New South Wales |
| 1988~1991 | Done House, Sydney |
| 1989~1994 | Simpson-Lee House, Mount Wilson, New South Wales |
| 1991~1994 | Marika-Alderton House, Eastern Arnhem Land, Northern Territory |
| 1996~1999 | Arthur and Yvonne Boyd Art Centre, Riversdale, West Cambewarra |
| 2001~2005 | Walsh House, Kangaroo Valley, New South Wales |

목가적 풍경과 조화를 이루는 Magney House

**ANALYSIS**

# Magney House

위치 : 158mile South of Sydney, 8mile from Moruya
구조 : Steel조(tubular steel frame, corrugated steel)
규모 : 지상 1층
대지면적 : 330,000㎡
연 면 적 : 237.6㎡(7.2m×33m)
준공년도 : 1984년
개념 : "It is a house where one goes to bed early and gets up at sunrise"

New South Wales의 남쪽 해안에 위치하여 북쪽으로는 근처에 작은 호수가 있고, 동쪽으로는 태평양, 서쪽으로는 산을 마주하고 있는 Magney House는 해수면보다 50m 높은 언덕에 자리하고 있다. 주변에는 나무가 거의 없는 녹지로 되어 있어 겨울에는 강한 바람(평균: 10mph)이 불어온다. 여름에는 기온이 32℃까지 오르는 반면 겨울에는 4~5℃까지 떨어지며 습도는 50%, 강수량은 1,000mm/year 정도가 평균적이다.

건축주인 Magney는 이 땅에서 오랫동안 주말에 캠핑을 해왔기 때문에 텐트처럼 일할 수 있는 집, 빛을 최대로 유입하는 집, 구조적으로 가벼운 집을 짓기를 희망하였다. 또한 자녀들(손님)의 공간과 부모의 공간을 분리해 줄 것을 요구하였다.

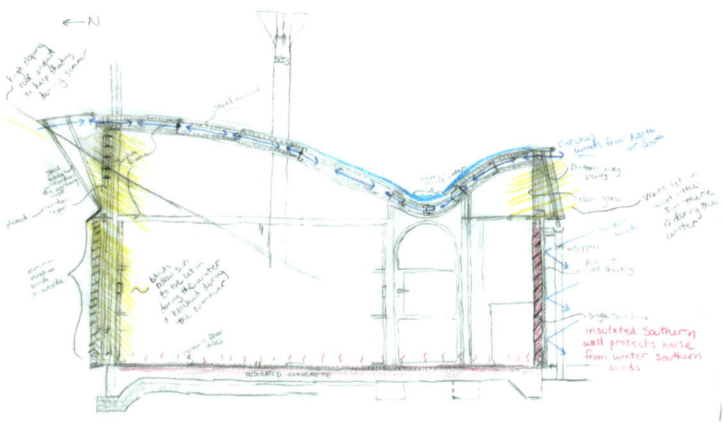

태평양과 호수가 내려다보이는 New South Wales의 남쪽 해안에 위치하고 있다.

글렌 머컷은 자연환경을 최대한 이용하여 건축주의 요구에 부응하는 친환경주택을 설계하였다. 먼저, 평면적으로 살펴보면, 바람이 강한 남쪽은 8″CMU Concrete Masonry Unit Block, 2″Insulation, 그리고 4″brick을 사용하여 겨울의 찬바람을 막을 수 있도록 계획하고 부엌이나 화장실 같은 공용공간을 배치하였다. 반대로 북쪽은 바닥부터 지붕까지 Low E-Glass로 계획하여 태양빛을 최대로 유입하고 있는데, 약 2.1m 하부는 외부에 알루미늄 루버 venetian blinds를, 상부는 blind 없이 설치하였다.

또한 북쪽과 동쪽은 태평양의 멋진 조망을 제공해 준다. 서쪽에는 부부침실과 거실을, 동쪽에는 창고, 아이들 침실과 거실을 동일하게 거의 6m 모듈로 계획하고, 가운데에는 식사실 및 테라스를 두어 두 공간의 결합 및 분리가 이루어질 수 있도록 하였다. 초기에 창고는 따로 분리하여 계획하였으나 실현되지 못하고, 아이들 침실과 인접하게 계획하였다.

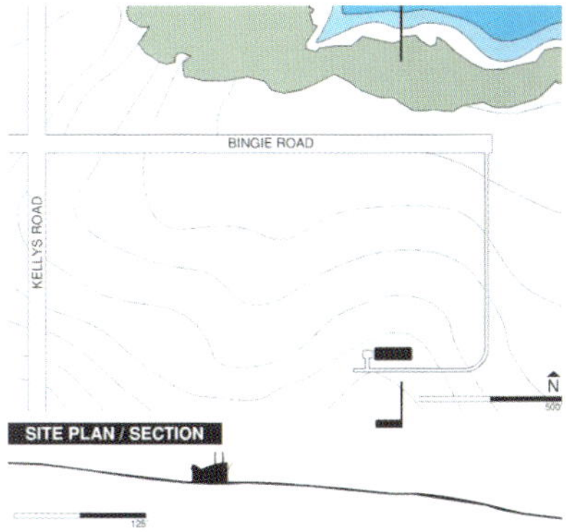

배치도

1. 부부침실 2. 자녀침실 3. 거실 4. 식사실 5. 출입구 6. 주방 7. 욕실 8. 창고

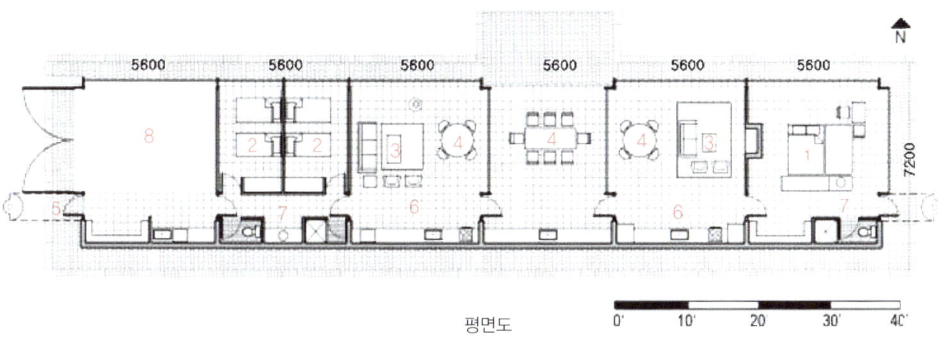


평면도

남서향의 출입구(부부침실)

북동향의 출입구(자녀침실)

남쪽과 북쪽 공간은 1m 정도의 복도에 의해 분리되며, 북쪽의 유리면에서 천장까지 높이는 4'.4"(약 1.3m)인 반면 남쪽은 3'(약 0.9m)로 북쪽을 남쪽의 지붕보다 상대적으로 높게 설치하여 북쪽의 주 공간에 더 넓은 공간감을 주고 'V'형 단면을 통해 태양빛의 유입을 유도하고 있다. 의뢰인이 요구하는 텐트와 같은 가벼운 구조를 실현하기 위하여 튜브형의 금속프레임, 장력의 금속지주, 그리고 얇은 골함석 지붕 등을 사용하여 가벼우면서도 운반이 쉬운 재료를 사용하였다.

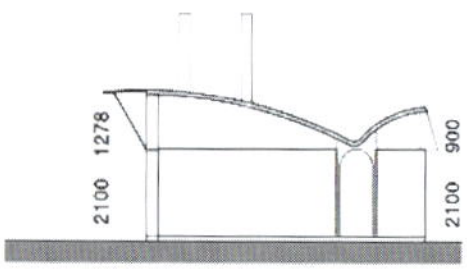

동측 입면도

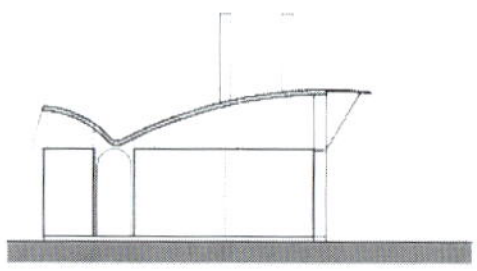
서측 입면도

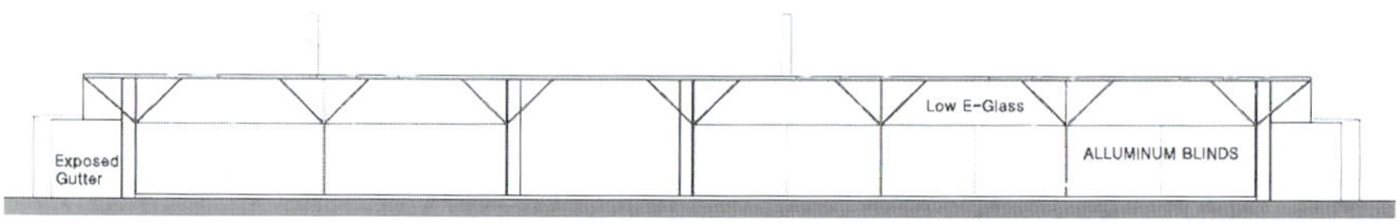

북측 입면도

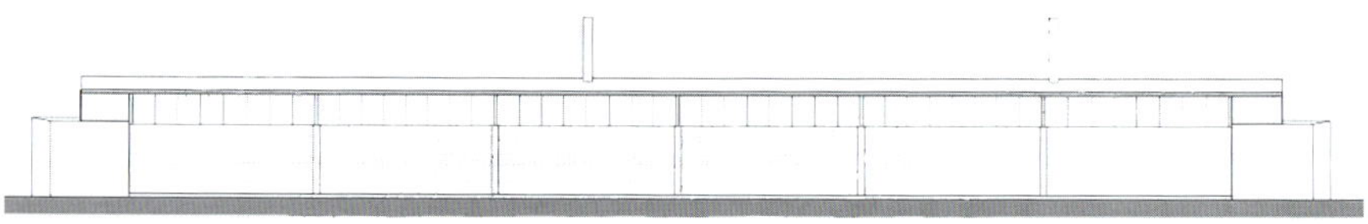
남측 입면도

부부침실에서 바라본 거실과 테라스

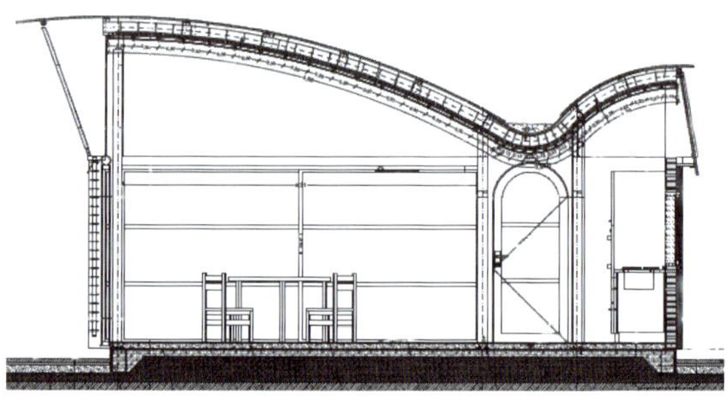
단면도

부부침실쪽으로 바라본 거실 및 주방

이 주택의 가장 큰 특징인 자연을 최대한 이용하는 친환경주택이라 할 수 있는 몇 가지 사례를 살펴보면 다음과 같다.

1. Curved roof : 남북방향의 V자형으로 굴곡시킨 지붕은 남쪽은 낮춰 겨울의 찬바람을 막고, 북쪽은 높여 최대한으로 빛의 유입을 고려함과 동시에 내부의 자연환기 역할도 하고 있다. 또한 재료로 사용된 함석판은 가벼운 느낌과 비오는 날에는 시각적 · 청각적으로도 감성을 자극한다.
2. Thermal control : 겨울에 차고 강한 바람이 부는 남쪽은 3중의 masonry wall을 북쪽은 빛의 유입을 조절할 수 있도록 Low E-Glass와 블라인드를 설치하였다.
3. Rain collection : 굴곡시킨 지붕에서 모인 우수는 노출된 배수홈통을 통해 지하에 모여 재활용할 수 있는 시스템이 고려되었다.
4. Insulated floor : 벽뿐만 아니라 바닥도 단열콘크리트의 바닥으로 시공하여 밤에 쉽게 열을 빼앗기지 않고 유지함으로써 보온성을 높이고 있다.
5. Insulation material : 수평널쪽의 블라인드, 1/2″집성보드, 8″CMU 블록, 4″벽돌, Air film 등을 이용하여 단열효과를 최대한 높이고 있다.

이처럼 글렌 머컷의 Magney House는 최대한 자연의 바람과 우수, 태양, 그리고 지역의 재료를 이용하는 친환경적 주택의 대표적 사례라 할 수 있다.

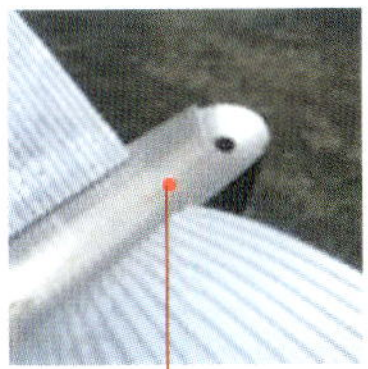

금속재 우수홈통(drainage gutter)

환기와 빛의 유입, 구조를 고려한 골함석지붕

Allumium Blinds Low E-Glass

벽: 8″CMU블록, 4″벽돌

바닥: 단열콘크리트

빛, 바람, 우수 등을 최대로 활용하여 에너지절감을 유도

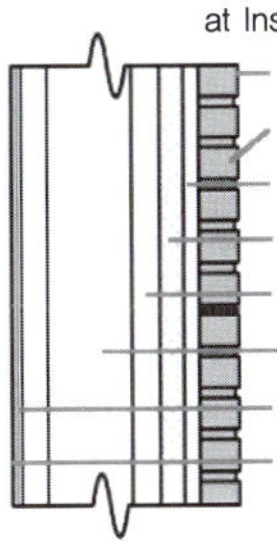

| at Insulation | at Block | |
|---|---|---|
| 0.17 | 0.17 | Outside Air Film |
| 0.44 | 0.44 | 4″ Brick |
| 1.32 | 1.32 | 1/2″ Fiberboard Sheathing |
| 7.20 | 7.20 | 2″ Insulation |
| 2.70 | | Perlite Fill |
| | 1.11 | 8″ CMU Block |
| 0.45 | 0.45 | 1/2″ Gypsum Board |
| 0.68 | 0.68 | Inside Air Flim |
| 14.89 | 11.37 | Total |

구조 프레임과 단열벽체구조

## ACCEPTANCE SPEECH

Michelangelo's Campidoglio, Rome, Italy

로마의 Veltroni시장님, 귀빈들, 친구들, 동료건축가들과 신사숙녀 여러분, 프리츠커가와 프리츠커 여사님, 하얏트재단의 회원 여러분은 2002년 프리츠커상의 영광을 저에게 주셨습니다. 이 상을 받으면서 얼마나 행복한지 말로 표현할 수 없습니다. 고맙습니다. 1969년의 끝자락에서 사무실을 개업하면서 아버지는 강하지만 멋진 조언을 저에게 해주셨습니다.

"아들아, 네가 마치고 싶은 길을 시작해야 함을 기억해라. 네가 고의로 하는 모든 타협의 결과로 생기는 일은 너의 다음 의뢰인을 대변할 것이다."

저는 비록 지금까지 거의 32년 동안 직원 없이 혼자 일했지만 저의 건축에 대한 사랑에 기여해 주셨던 많은 분들에 의해 지지를 받았습니다. 이 분들을 인정하지 않는 것은 부당합니다. 미스 반 데 로에는 "모든 훌륭한 건물에는 훌륭한 의뢰인이 있습니다."라고 말했습니다. 저는 직업을 통하여 정말 많은 훌륭한 의뢰인들을 가지게 되었습니다.

현재 자신들의 프로젝트를 위해 3년 이상 기다려야 하는 분들도 있습니다. 저는 부자지간인 2명의 기술자와 일했고, 멋진 시공자들과 함께 우리의 생각을 현실화할 수 있었습니다.

Marie Short/Glenn Murcutt House

Magney House

## Fredericks House

Done House-1

Done House-2

작가, 사진작가, 학자, 동료건축가, 아르헨티나, 칠레, 덴마크, 핀란드, 미국, 호주의 건축과, 제 아내와 가족을 포함한 협력자들은 대단히 협조적이었으며, 그리고 많은 분들은 이 믿을 수 없는 행사에서 저를 축하해주기 위하여 여기에 계십니다. 여러분 모두에게 감사드립니다. 이 행사를 기념하는 데 있어 로마의 캄피돌리오보다 더 아름다운 공간이나 장소가 있을까요? 정말 얼마나 행운인지요? 매년 심사위원들은 프리츠커상을 위해 수백 명의 건축가를 고려하는데 그들 대부분은 이 상을 받을만한 자격이 있을 것입니다. 그러나 대체로 단지 한 명만이 선택됩니다. 그 점이 바로 대단한 행운입니다.

여러분이 생각하시듯, 저는 많은 훌륭한 후원자들의 인터뷰와 편지, 전화를 받았습니다. 하지만 이런 말을 얼마나 많이 받았는지 모릅니다. "심사위원들께 가서 축하하세요." 저는 이 상이 누구를 위한 상인가? 의심이 들기 시작했습니다. 그러나 이런 상은 수상자만큼 심사위원들에 대해서 언급됩니다. 저는 그런 상을 수여하기 위한 각 심사위원들께서 느끼는 책임감과 노력을 충분히 깨달았습니다.

이 상의 가치를 숙고하시는 올해의 심사위원님들께 대단한 경의를 표합니다. 프리츠커상의 수상자가 되는 것은 겸손해지는 것입니다.

오늘 저는 깊이 존경하는 수상자들과 함께 하고 있으며, 몇 명은 훌륭한 친구입니다. 그들은 축하하기 위해 여기에 계십니다. 감사합니다.

저는 시드니로부터 북쪽으로 약 7km 떨어진 곳에서 자랐습니다. 그곳의 풍경은 유칼립투스와 주목할만한 자연식물이 풍부한 전형적인 해안가의 사암유역이었습니다. 이러한 환경에서 식물군의 번식과 어떤 식물이 어디에서 자라며 최상이면서 자연 그대로의 새와 곤충과 동물들을 이끌어내는지 배웠습니다. 특별한 식물 종들은 같은 종류의 식물이지만 지하수면은 더 높고 풍압은 덜하며 영양분은 많은 저지대와 돌풍과 낮은 습도, 저영양분의 언덕꼭대기에서 정말 얼마나 다르게 자라는지 배웠습니다.

저에게 있어 극도로 중요한 것은 장소에 관한 것입니다. 저는 대부분의 호주 풍경에서 투명성, 섬세함, 강함에 대하여 배웠습니다. 유럽의 풍경에서 조도는 요소를 연결하는데 반해 호주에서 조도의 명료성은 요소를 분리합니다. 제 작업에 영향을 준 호주의 풍경은 요소와 구조, 그리고 섬세함의 가독성을 분명하게 이해시켜 주었습니다. 저는 5명의 아이 중 하나로 자랐는데 3층에는 7대의 피아노가 있어서 그 소음은 끔찍했습니다. 집 주위에서는 항상 카누나 경주용 소형 보트, 집 등 무언가가 세워지거나 계획되었습니다. 저는 일을 하는데 있어 고요함, 정말 많은 고요의 필요를 배웠고 이것은 매우 중요한 교훈이었습니다. 다량의 소음은 저에게 있어 고요를 원하도록 만듭니다.

방학이면 아버지의 목공점에서 일해야 했으므로 화가 나기도 했습니다. 하지만 배를 만들거나 계단, 창, 그리고 그 이상을 만드는 데는 참여하지 않았습니다. 그것은 매우 특별한 훈련이었지만 그 당시는 매우 힘들었습니다. 1946년 이후, 아버지는 많은 잡지를 호주로 가져오셨습니다. 특히, 미국으로부터 저는 Frank Lloyd Wright, Mies van der Rohe, Gordon Drake, Charles와 Ray Eames, 그리고 여러 작가에 대하여 배웠습니다. 제가 15~16세 때 정말 많은 건축가에 대하여 알았으며, 그것은 저에게 커다란 영향을 주었습니다.

교육의 어려움이 있었지만 1956년 공과대학에 들어갔고 건축을 시간제 과정으로 마쳤습니다. 건축 시공을 가르쳤던 Noel Bazeley 교수를 스승으로 둔 것은 큰 행운이었습니다. 그는 대부분의 학생에게 인기 없었던 반면 다른 그룹은 거의 3학기 내내 기초, 토대, 바닥, 벽, 천장의 보와 지붕의 시공에 대하여 공부했습니다. Bazeley는 자연에 대한 주제를 계속 주었습니다.

Simpson-Lee House-1

Simpson-Lee House-2

Walsh House-1

Walsh House-2

자연에서의 지속성을 한 학기 내내 토론하는 것은 얼마나 멋진 주제인지 모릅니다. 자연에서 지속성의 중요성을 이해하자, 두 번째 학기에는 건조환경과 연관된 자연에서의 지속성을 이해하는데 시간을 쏟았고, 세 번째 학기에는 기초, 벽 등에 대하여 공부하였습니다.

젊은 건축가, 특히, 저에게는 얼마나 멋진 시작인지 모릅니다. 1956년은 저에게 있어 특별한 교육의 시간이었습니다. 호주의 근대화에 있어 정말 훌륭한 건축가인 Neville Gruzman, Bill, Ruth Lucas 같은 사람들과 상근으로 일했습니다. 지금까지도 가장 독특한 작품 중의 하나이며 시드니에서 보아온 것들 중 최고로 가벼운 주택 중의 하나를 디자인한 Lucas와 일한 것은 행운이었습니다. 또한, Allen and Jack이나 다른 좋은 사무실에서 일했습니다. 그곳은 1950~1960년대에 건축을 배우는데 있어 훌륭한 장소였습니다. 대학시절, 빛과 그늘의 주제에 실패했습니다. 저는 이 주제에 대하여 반복해야 했으며 그 중요성과 방향의 이해는 아마 변환점이나 미래의 사고를 형성하는 변환점이 되었을지도 모릅니다. 실패는 위대한 기회를 보여주는데 두려움으로 달아나는 곳에서는 이러한 일은 없습니다. 실패는 훌륭한 교육적 경험입니다.

1962년 졸업 후 첫 여행지는 유럽의 그리스 섬들과 북유럽지역이었습니다. 빛과 공간의 연속성, 재료의 물성과 한계, 공간의 조각과 형성, 이동의 필연성, 색채의 통일성, 반사와 다른 많은 교훈을 배웠습니다. 재료에 대해 열심히 이해하는 것은 재료의 잠재력을 찾는 것이고, 한 재료로 많은 일을 하는 것은 저에게 중요했습니다.

Jørn Utzon의 킹고 집합주택과 다른 작품들, Aalto의 작품을 보기 위해 핀란드로 간 것은 제 경력에 있어 전환점이었습니다. 런던에서 일하는 동안 가장 친한 친구였던 Keith Cottier는 제게 "그리스의 섬으로 돌아가지 마라. 너는 배를 타고가 Aalto를 만나야 한다. 내가 아는 모든 사람들 중 너는 Aalto를 보아야만 할 사람이다." 라고 말했습니다. 저는 그의 조언을 따랐습니다. Keith, 고맙습니다.

1969년에 개인 사무실을 시작했습니다. 일은 없었지만 그 당시 우리들 대부분은 낙관적이었습니다. 처음 6개월 동안 무엇을 했을까요? 저는 건축자재 생산자들과 최상의 압축성형금속 단면 제작자들에게 전화하여 저를 방문토록 했습니다. 저는 모든 세부 요소를 디자인하기보다는 디테일작업을 위한 표준부품과 단면을 만드는 것의 가능성을 찾고 있었습니다. 매우 단순하면서도 꽤 강한 디테일을 만드는 것이었습니다.

1973년 2번째 여행에는 프랑스와 스페인을 넣었습니다. 파리에서, 1962년 거리에서 볼 수 있던 건물, the Maison de Verre를 방문했습니다. 이 건물은 자유로웠습니다. 근대화의 시기인 1928년경에 Pierre Chareau와 Bijvoet에 의해 디자인되었지만 모더니즘사상의 작품은 아니었고 삶 자체였습니다. 개방적으로 디자인되었으며 영원함을 소유하고 있었습니다.

Marika-Alderton House

살아 있는 과거의 건축을 발견하는 것은 얼마나 멋진 일인지 모릅니다. 모던이 있고 미래가 보입니다. 제 생애에서 그 시간은 절대적으로 중요하고 결정적인 경험이었습니다. 바로셀로나에서는 위대한 스페인 건축가 Jose Coderch를 만났습니다. 그 또한 저에게 매우 중요한 영향을 주었습니다. 저는 지금도 그렇지만 디자인에 대하여 극도로 과민했었고 그때는 무언가 부족하다고 생각했습니다. 과민함이죠. 62세의 Coderch는 "모든 새로운 프로젝트에 있어 저는 매우 과민합니다."라고 말했습니다. 그 후로 과민함은 모든 새로운 프로젝트의 중요한 요인임을 깨닫게 되었습니다. 반면, 어떤 일은 활력을 잃습니다. 그는 말하기를 "저는 학생들에게 말합니다. 여러분은 먼저 여러분의 일에 노력을 해야 합니다. 두 번째는 사랑해야 하며 마지막으로는 천주교 신자로서 고통해야 합니다. 비록 그 일이 크지 않더라도 주의와 헌신을 보여야 합니다."

저는 항상 창조성보다는 발견하는 행위를 믿어 왔습니다. 존재하거나 존재를 위한 잠재력을 가진 모든 일은 발견과 연관되어 있습니다. 우리는 일을 창조할 수 없습니다. 사실, 우리는 발견자라고 저는 믿습니다. 저는 발견의 통로로 건축을 보았고, 이 점은 저에게 있어 매우 중요합니다. 저는 글보다는 관찰을 통해 배워왔습니다. 심지어 이 수락연설도 함께 모으는 엄청난 도전입니다. 제 가족은 제가 쉼 없는 영혼의 소유자라고 말할 것이며 맞는 말임을 저도 압니다. 저는 항상 모든 것, 경험하는 장소나 어려운 상황에서 좀 더 노력하려 했습니다.

Arthur and Yvonne Boyd Art Centre

제 학생들은 제 스튜디오가 매우 기억할 만하다고 말할 것입니다. 저는 열심히 했습니다. 제가 하는 무슨 일이든 좀 더 잘 될 수 있음을 압니다. 저는 추구하는 이상에 있어 수그러들지 않습니다. 지금 저는 제가 하고 있는 일의 방식에 대하여 말하고 싶습니다. 저는 고요함을 사랑해서 혼자 일합니다. 생각하는 시간과 잘 모르는 일을 포기하는 것은 건축에서 가치가 있습니다. 혼자 일함으로써 직원에 대한 책임감이라는 중압감에서 자유로웠습니다. 여행을 할 수 있고 국제적으로 여러 대학에서 학생들을 가르치고 이상과 사고방식을 전달하는 디자인 스튜디오를 이끌 수 있습니다. 그들은 미래의 건축가들입니다. 하지만 프로젝트에 필요하다면 저는 존경하는 건축가들과 함께 일합니다. 이것은 제가 실무를 넓힐 수 있는 방식입니다. 제가 할 수 없는 일은 제가 가르쳤던 젊고 훌륭한 건축가들에게 보냅니다. 그럼으로써 그들도 자신의 실무를 시작할 수 있습니다. 앞에서 말했듯이, 모든 훌륭한 건물에는 훌륭한 의뢰인이 있습니다. 저는 제 에너지를 자극하는 많은 다양성을 요구하기 때문에 큰 규모의 일을 원하지 않았습니다.

저는 너무 긴 기간 동안 하나의 프로젝트로 일하는 것을 싫어합니다. 큰 프로젝트는 수년을 의미합니다. 많은 작은 일을 하려면 많은 의뢰인이 관련됩니다. 이것은 좀 더 많은 실험의 기회를 제공하고 그것은 저를 자극합니다. 하지만 Renzo Piano나 Frank Gehry 같은 사무소는 제가 기대하는 것보다 많이 성취하는 것을 알지만 그것은 대규모입니다. 호주 밖에서 일한다는 것은 직원을 두어야 할 수도 있음을 의미합니다. 독립 건축가로서 호주에서 일을 잃을 수도 있기 때문에 동시에 호주와 해외에서 일하는 것은 불가능합니다. 호주는 엄청나게 다양한 풍경과 기후를 제공합니다. 미국의 규모가 되거나 스페인의 서부해안에서 이스라엘까지 확장되고 북아프리카에서 북극권까지 확장되면 그 잠재력을 상상할 수 있습니다. 더불어 해안과 내륙, 고도까지라면 그 가능성은 거대합니다. 아이러니컬하게도, 저에게 부여된 제한의 이해로 기회가 증가함을 알았습니다. 학생들이나 학교에서 일하는 것은 대단한 보상입니다. 저는 직원과 학생들과 멋진 우정을 쌓았고 그것은 저의 방랑자적인 정신을 만족시켰습니다.

올해, 심사위원들은 미래의 생존에 대한 모든 측면에서 현재 가장 중요한 결정적인 문제-환경에의 존중을 인식했습니다. 에너지소비의 최소화, 단순하고 직접적인 기술, 대지와 기후, 장소와 문화에 대한 존중은 제가 추구하는 건축입니다. 이러한 규율은 저에게 있어 실험과 표현을 위한 환상적인 강령을 나타냅니다. 특별히 중요한 것은 바라건대 사람들이 거주하는 곳에 속하고 반향을 일으키는 일에 있어 이성적이고 시적인 결과의 접합입니다. 따라서 이 상은 지나칠 정도로 잘 되고 있습니다. 현재와 미래에 당면한 문제에 대하여 말하고 있으며, 국내 · 외적인 관련이 있고, 그것은 분명 매우 중요합니다. 희망이 있다는 심사위원들의 결정을 강조하는 것 같습니다.

우리는 개인으로서, 건축가로서 미래세대의 원칙을 위해 우리 시대의 가치를 남겨 영향을 줄 수 있는 기회를 가지고 있습니다. 감사합니다.

# Jørn Utzon

## Pritzker Architecture Prize Laureate 2003

### PROFILE

1918 덴마크 코펜하겐에서 출생
(아버지 Aage Utzon은 Aalborg조선소 선박기술자여서 Aalborg항구의 주변 환경은 요른 웃존의 영감과 놀이장소였으며, 아버지와 같은 선박기술자가 되길 희망)

1937~1942 코펜하겐 왕립미술학교(the Royal Academy of Fine Arts) 졸업
(역사가이자 도시계획가인 Steen Eiler Rasmussen 의 강한 영향을 받음)

1942~1945 스웨덴의 Eric Gunnar Asplund, Hakon Ahlberg 의 스톡홀름사무소에서 실무
(Eric Gunnar Asplund, Frank Lloyd Wright 의 사상을 찬미)

1946 핀란드의 Alvar Aalto와 6개월간 일하면서 많은 영향

1947~1948 유럽 연구 여행 및 파리 체류하며 페르난도 레거, 르 꼬르뷔제와 교류

1948 모로코 여행

1949 멕시코 및 미국 여행 (프랭크 로이드 라이트의 탈리아신 방문, 미스 반 데 로에와 접촉, 시드니 오페라하우스의 기단부는 멕시코 마야유적의 기단이 디자인 원형)

1950 코펜하겐에 자신의 설계사무소 개설

1956 시드니 오페라하우스 국제현상설계 당선(당시 거장들의 작품을 비롯한 232개 작품의 1차 심사에서 탈락했으나 Eero Saarinen의 재심사 요구로 재심사가 진행되어 최종 당선)

1957 중국, 일본, 인도, 네팔 등 아시아 여행

1957~1966 시드니 오페라하우스 설계로 호주에 체류(1966년 4월 귀국)

1973 시드니 오페라하우스 완공(10월 20일 Queen Elizabeth II 준공식)

1978 영국 왕립건축가협회 금메달 수상

2003 프리츠커상 수상(시드니 오페라하우스 30주년)

2004 시드니 오페라하우스의 Reception Hall을 Utzon Room으로 개명

2007 시드니 오페라하우스 세계유산 등재

2008 코펜하겐의 자택에서 사망(11월29일)

## THOUGHT

**“My job is to articulate the overall vision and detailed design principles for the site, and for the form of the building and its interior.”**

요른 웃존을 언급할 때 시드니 오페라하우스를 따로 이야기할 수 없는 것은 이 역사적인 건축물에는 요른 웃존의 사상이 집결되어 있기 때문이다. 많은 건축가들은 자신의 건축관을 정립하는 데 있어 여행을 통해 큰 영향을 받는 경우가 많으며 요른 웃존도 그러한 대표적인 예라 할 수 있다. Eric Gunnar Asplund, Frank Lloyd Wright, 그리고 Alvar Aalto의 사상도 그에게 있어 찬미의 대상이었지만 그의 건축관이나 자연관은 모로코, 멕시코, 미국, 동아시아 등의 여행을 통한 체험의 산물이었다.

그는 모로코에서의 실현되지 않은 작업과 여행을 통하여 거대한 점토건축물과 같은 토착의 어도비 adobe 건축에 고무되었으며, 멕시코의 마야유적과 아즈텍문명에서 볼 수 있는 피라미드, 마야유적의 기단에서 볼 수 있는 신과 가장 가까운 하늘과 맞닿는 광활한 수평적 기단 wide horizontal platforms에 매료되어 강렬한 인상을 받고 그의 중요한 디자인 원리로 제시하곤 하였다. 시드니 오페라의 기단 podium도 여기에서 유래되었다.

그는 멕시코에서의 경험을 “내 생애 최고의 건축적 경험의 하나”라고 말하였다.

또 다른 예로 Bagsværd Church의 천장은 하와이해변에 누워 있을 때 떠가는 구름에 감동되어 이를 형상화한 것이었다. 또한 미국 여행 중 Taliesin West에 방문하여 Frank Lloyd Wright를 만나 신선한 충격을 받았고, 아시아 여행을 통한 중국인의 조화에 대한 갈망과 일본의 사찰, 인도와 이슬람건축의 내 · 외부 공간의 상호작용 등은 그의 젊은 사고를 확장시키는 계기가 되었다.

이처럼 여행을 통해 고무된 자연관은 그의 사상적 토대가 되었고, 그래서 그의 건축을 말할 때 '자연에 의해 고무된 건축' 이라고 한다. 하지만 합리적 사고를 기반으로 하는 기술의 중요성도 강조하여 건축가는 자신의 생각을 발전시키려면 기술에도 정통해야 한다고 믿었다. 그는 건축을 식물의 씨앗과 같다고 보고 다양한 주변 환경에 의해 다르게 발전된다고 보았다. 건축가이자 비평가인 Kenneth Frampton은 그의 건축을 'Additive Architecture' 라고 명하고 있는데, Modular Assembly의 Prefabrication Technology를 활용하여 유연하고 경제적이며 유기적인 구성을 통해 통합된 형태를 만든다고 하였다. 그 대표적 사례로 Kingo Houses를 들 수 있다.

이처럼 요른 웃존은 건축여행에서 받은 영감을 바탕으로 알바 알토의 자연주의적 사고, 프랭크 로이드 라이트의 유기적 · 수평적 사고, 에릭 군나르 아스플룬드의 기능주의적 사고를 더하여 자연과 기술을 융합시켜 자신만의 디자인을 구현하려 한 시대를 앞서 간 건축가라 할 수 있다.

## MAJOR WORKS

| | |
|---|---|
| 1950~1952 | Utzon's House, Hellebæk, Copenhagen, Denmark |
| 1954~1966 | Elineberg Housing, Helsingborg, Sweden(with Erik and Henry Andersson) |
| 1956~1960 | Kingo Houses, Helsingør, Denmark |
| 1957~1973 | Sydney Opera House, Sydney, Australia |
| 1959~1960 | Melli Bank, University of Tehran Branch, Tehran, Iran |
| 1959~1963 | Fredensborg Houses, courtyard housing in Fredensborg, Denmark |
| 1962~1966 | Hammershøj Care Centre, Helsingør, Denmark |
| 1968~1976 | Bagsværd Church, Bagsværd, Denmark |
| 1970~1972 | Can Lis, Architect's House, Majorca, Spain |
| 1972~1984 | National Assembly of Kuwait, Kuwait(with Jan Utzon) |
| 1985~1987 | Paustian Furniture Store, Copenhagen, Denmark(with Kim Utzon and Jan Utzon) |
| 1989~2000 | Skagen Odde Nature Centre, Skagen, Denmark |
| 2005~2008 | Utzon Center, Aalborg(with Kim Utzon) |

ANALYSIS

# Can Lis in Mallorca

위치 : Carrer de S'a mitja Lluna 77, Porto Petro, Mallorca, Spain
구조 : Precast Concrete
규모 : 지상 1층(5개 실)
준공년도 : 1972년
개념 : "a sequence of pavilions linked by a wall, and arranged so as to respond to the various functions within the dwelling"

1966년 시드니 오페라하우스의 공사지연과 예산문제로 사임하고 덴마크로 돌아오는 도중 방문한 스페인 Mallorca의 풍광에 반한 요른 웃존은 여름별장을 짓기로 결심하고, 1970년 계획을 시작 1972년 완공하기에 이른다. 또한, 1994년에는 이곳으로 완전히 이주하고 주택명도 그의 아내의 이름 Lis Fenger을 따 Can Lis로 부르게 된다.

요른 웃존을 매료시킨 Mallorca는 The Balearic Islands의 여러 섬 중 하나로 지중해를 면하고 있어 환상적인 주변 환경과 온화한 날씨로 주거지로써 최상의 조건을 갖추고 있다. Can Lis는 남쪽해안의 절벽 위에 위치하고 있으며 지중해를 전망할 수 있는 남향으로 열려 있다. 웃존은 태양의 변화에 순응하고 조망을 최대로 제공할 수 있도록 다섯 개의 블록으로 분리하였는데 1블록에는 중정, 2블록에는 부엌과 식사실, 공부방, 3블록에는 거실, 4블록에는 침실, 5블록에는 스튜디오(게스트실)로 구성하여 중정과 벽에 의해 연결되도록 하고 소나무와 도금양이라는 상록수를 식재하였다.

이러한 빛에 대한 태도는 알바 알토의 Villa Mairea를 연상케 한다. 이러한 배치로 인해 실로 들어오는 빛은 선명하고 밝다. 이 주택의 가장 큰 특징 중의 하나는 많은 로지아(Loggia: 한쪽 벽이 트인 주랑)가 시원한 그늘을 제공해 주고 빛에 따른 공간의 변화를 느낄 수 있도록 해주어 공간감을 극대화시킨다는 점이다.

형태적 측면에서 보면 전통적인 마조르칸 건축방식과 지역의 황색계열의 살색 사암 yellowish-pink Marés sandstone을 사용하여 단순 · 소박하면서도 주변과 조화를 이루도록 계획하였다. 외부 색채도 벽과 지붕을 모노톤으로 처리하였으며 지붕은 콘크리트 위에 중국 기와 스타일의 황색 타일을 올려놓았다. 내부는 Marés sandstone보다 경도가 높은 Santanyi sandstone을 이용하여 바닥, 내벽, 부엌소리대를 시공하였다.

지중해와 Balearic Sea가 내려다보이는 절벽 위에 위치하고 있다.

대지 위치

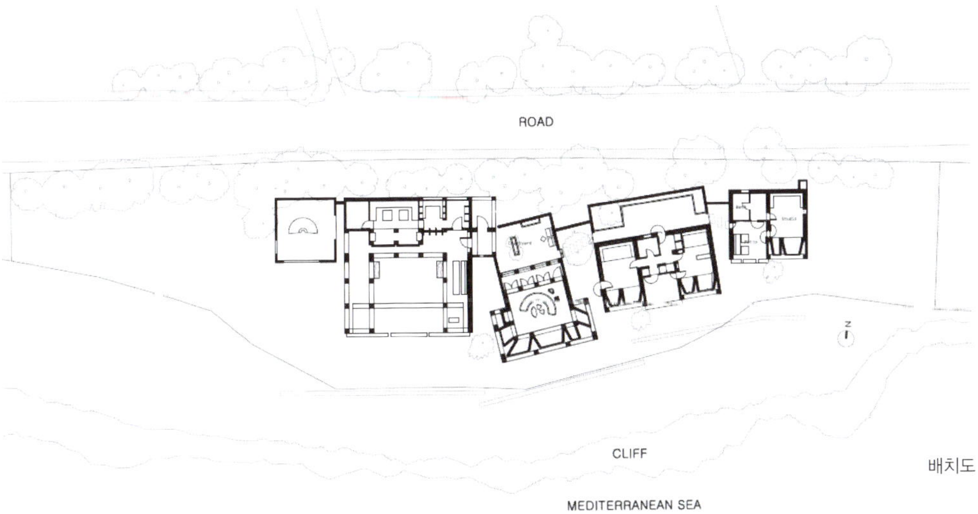


배치도

초기 컨셉은 시드니의 Utzon's house처럼 "벽에 의해 연결된 파빌리온의 연속과 거주하는 데 있어 다양한 기능에 대응하도록 배열하는 것"이었다. 태양의 위치, 나무의 위치, 지중해의 조망, 그리고 건물과의 자연스런 상호관계 등을 고려한 결과, 일렬의 배치가 아닌 현재의 배치로 발전되었다. 이러한 배열을 고려하여 가구들은 고정되었고 빛나는 세라믹타일로 마감되었다. 또한, 창문은 벽의 바깥쪽에 설치하여 내부에서는 보이지 않도록 함과 동시에 빛의 효과를 최대한 높일 수 있도록 처리하였다.

Can Lis는 권위 있는 건축비평가들에게 손꼽히는 20세기의 가장 중요한 주택의 하나로 지역성, 신중한 재료 선택, 빛을 통한 공간의 변화, 주변과의 조화 등을 잘 보여주고 있다.

1. Courtyard 2. Dining 3. Kitchen 4. Study 5. Entrance 6. Hall(Poixo) 7. Living Room 8. Bedroom 9. Studio & Guest Room

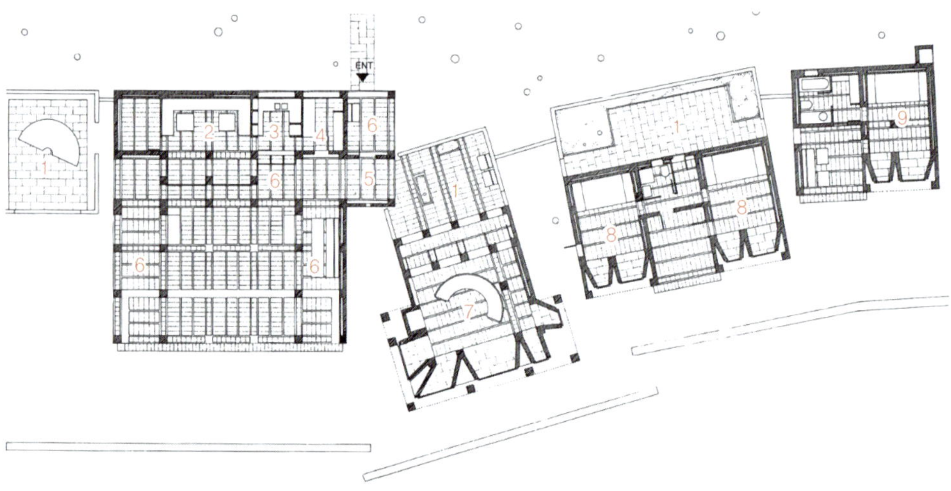


평면도

거실 뒤쪽의 중정(Courtyard)

Block-3(거실) 창호

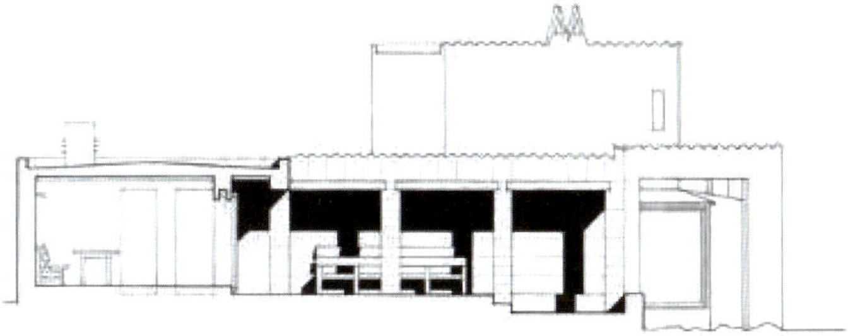

Block-2 종단면도

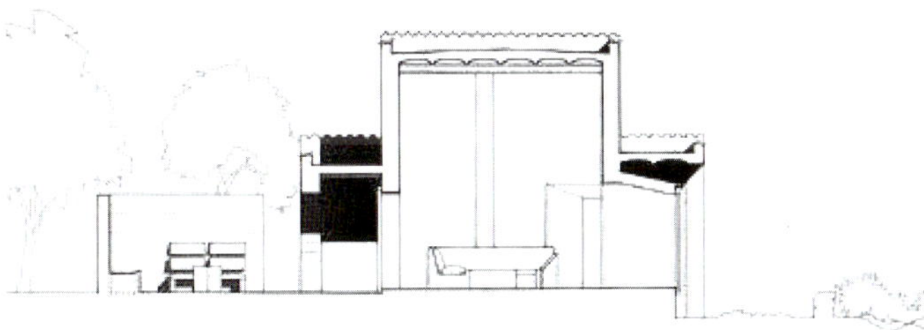

거실 종단면도

Block-3(거실) 창호디테일

Block-1의 중정에서 바라본 태평양

북향의 출입구

Block-2의 중정

초승달 모양의 거실 내부

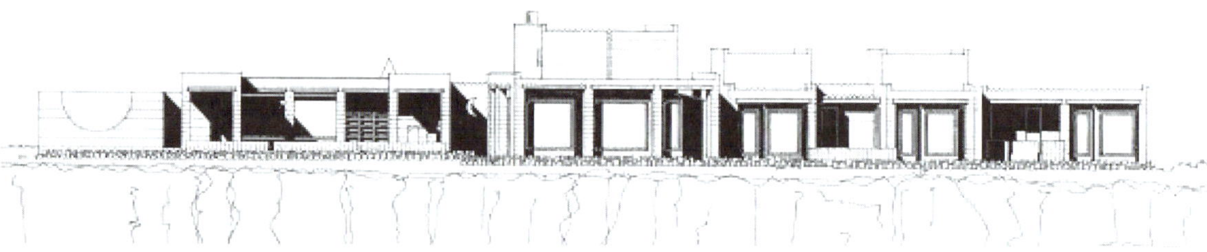

입면도

## ACCEPTANCE SPEECH

### The Royal Academy of Fine Arts of San Fernando, Madrid, Spain

아버지를 대신해서 Jan Utzon이 연설하다.

스페인 Juan Carlos I 폐하와 왕족 여러분, 이 자리에 참석해주셔서 정말 영광스럽습니다. 아버지 Jørn Utzon의 이름으로 그의 불참을 사과하고자 합니다. 안타깝게도 그의 개인적인 바람과 무관하게 오늘 아버지는 오실 수 없었습니다. 아버지에 대한 여러분의 멋지고 다정한 말씀에 감사드립니다. 그러한 말씀들은 아버지께 전달할 것이며, 그는 상의 일부분으로 소중히 간직할 것입니다.

오늘 대단한 기쁨으로 아버지를 대신해 프리츠커상을 받기 위해 이곳에 섰습니다. 아버지는 이러한 영예를 주신 심사위원들과 프리츠커가에 감사와 기쁨을 표현할 것을 요청하셨습니다. 저는 거의 60여 년 동안 그의 아들로서, 30년 이상 직업상의 동료로서, 프리츠커상의 수여자이시며 저 자신과 과거나 현재의 사무실 직원들에게도 영향을 주신 아버지를 대표하게 됨을 진심으로 감사하게 생각합니다. 아버지의 고등학교시절은 아주 성공적이진 않아서 졸업하던 해에 건축가가 되기를 원한다고 그의 선생님께 말했을 때 선생님은 아마도 단지 직업적으로 잘 할 수 있을 것이라고 생각한다고 말했다고

Skagen Odde Nature Centre

합니다. 하지만 그는 코펜하겐 왕립예술학교에 입학함으로써 완전히 새로운 세계로 들어갔고 어느 순간 건축과목과 맘이 통함을 발견하게 되었으며 지루했던 고교시절 이후로 지적 영양분을 흡수할 수 있었습니다.

그는 직업 속에서 많은 일, 다른 건축가들, 예술가들, 자연과 문화의 다양성, 그리고 물론 삶에 대한 건강한 세계관을 넣어주신 부모님께 은혜를 입었습니다. 그는 가장 먼저 60년 동안 아내이시고 저의 어머님이신 Lis를 말할 것입니다. 그녀는 오늘 우리가 기뻐하는 결과를 아버지가 성취할 수 있도록 지원하셨습니다. 제가 오늘 여기 설 수 있는 것은 실로 아버지의 행운 때문입니다. 아버지는 덴마크에서 전후 초기에 실무를 시작하셨습니다. 당시의 경제는 어려웠고 일을 얻기는 힘들었습니다. 따라서 많은 건축공모전에 참여하셨으며 시드니 오페라하우스의 당선은 중요한 전환점이었습니다. 덴마크 외부에서 일할 수 있는 가능성이 거의 없는 작은 북유럽국가에서, 심지어 다양한 사람들과 문화에 의해 고무되어졌으므로 그는 당시에 들을 수 없는 한 가지 방법으로 갑자기 열려진 세상을 경험했습니다.

이 프로젝트는 아버지와 우리 가족에게 국제적인 실무의 기회를 주었기 때문에 인정하건대, 세계를 향한 많은 기회와 접촉하는데 있어 큰 디딤돌이 되었습니다. 아버지는 항상 주변 사람들과 자녀들에 매우 고무되셨고 그의 즐거움은 다른 사람들, 아름다운 장소들, 자연과 색과 빛 등 그를 둘러싼 것들로 넘쳐났습니다. 항상 좋아하고 경의를 표한 사물에 대하여 표현하신 열광은 우리들에게 매우 긍정적인 영향을 주었습니다. 저는 종종 전 직원으로부터 아버지와 일하던 시절 그들의 삶에 얼마나 긍정적인 영향을 주었는지 듣습니다. 하지만 그러한 환경에서 자랐을 때 그 상황을 특별한 것으로 인식하지 못합니다. 제 유년기의 환경이 특별하다는 것을 깨닫기 시작한 것은 제가 시드니에 도착한 후였습니다. 그 후로 우리의 삶은 시드니에서 아버지의 일이 불행한 종료에 의해 일시적으로 방해받았지만 멋진 경험의 연속으로 가득 찼습니다.

Elineberg Housing

Utzon's House

아버지에게 있어서 시드니 오페라하우스 미래계획의 상담건축가로 활동하시도록 시드니로 돌아와 줄 것을 요구받은 것은 대단한 기쁨이었습니다. 그 당시 저는 아버지에게서 New South Wale주의 수상 Joe Cahill의 넘치는 호의의 말을 듣고 우리가 그곳에 사는 동안 그가 만나는 많은 아름다운 사람들과 호주에 대한 그의 사랑을 생각해 보면, 그의 생애에서 가장 중요한 일에 다시 포함된 것은 그를 대신해 너무 기뻤습니다. 그의 아들로서, 동료로서 아버지와 일하는 것은 대단한 특권이었고 파트너로서 시드니 오페라하우스의 지속적인 계발에 포함된 것은 대단한 행운이었습니다.

우리 가족이 시드니를 떠난 후 아버지는 덴마크, 스위스, 미국에서 일하셨습니다. 호놀룰루의 건축학과에서 몇 년간 가르치신 이후 쿠웨이트의 새 국회빌딩 공모전에 당선되셨습니다.

Hammershøj Care Centre

Fredensborg Houses

Utzon Center

Kingo Houses

Paustian Furniture Store

Can Lis, Architect's House

National Assembly of Kuwait

이 시기 부모님은 아름다운 Mallorca섬에 그들의 첫 번째 집을 세우기로 결정하셨습니다. 이 집은 처음에는 휴가용 집이었으나 곧 평생 거주지로 변하였습니다. 아버지는 지역의 공예가와 일하는 것을 좋아하셨는데 그들에게서 덴마크의 유년시기부터 알았던 공예가들과의 유사점을 찾으셨습니다.

아버지가 몇 병의 와인을 들고 건물 대지에 나타나셨을 때 공예가들은 지난밤 그가 새로운 아이디어를 생각했고 어떤 작업은 이미 진행되었으며 변화될 것임을 알았습니다. 온화한 기후와 관대한 사람들과 자연, 그리고 스페인과 마르요카의 문화는 부모님의 삶에서 필수적인 부분이 되었습니다. 약 25년간 이 아름다운 곳에서 사신 후에 더 좋은 곳을 생각할 수 없었습니다.

이제 저는 프리츠커상 수상에 대한 아버지의 감사 글을 읽음으로써 이 연설을 마치려 합니다.

"정말 아름다운 날입니다. 제 일을 인정해 주심에 깊이 감사하고 행복해 하며 프리츠커상을 받습니다. 이 상은 저에게 많은 것을 의미합니다. 왜냐하면 제 이전에 프리츠커상을 받으셨던 건축가들은 모두 제가 너무도 존경하는 건축가들이었으며 그들의 작품은 건축의 미래를 위해 매우 중요하기 때문입니다.

저와 함께 일했던 두 아들과 딸, 아내 Lis, 제 사무실에서 함께 일하는 건축가들과 좋은 의뢰인들은 모두 기뻐하고 있습니다. 우리는 새로운 조명으로 우리의 작업을 바라보며 프리츠커상이 건축의 중요성에 대한 사람들의 인식을 고조시키고 건축에 있어 우수함의 기준점을 창조함을 느낍니다. 프리츠커가와 심사위원들은 건축의 최고 수준을 위한 강력한 대표자들이십니다.

진심으로 감사드리며 여러분 모두에게 프리츠커상의 미래의 성공을 위한 저의 간절한 소망을 보냅니다."

# Zaha Hadid

## Pritzker Architecture Prize Laureate 2004

### PROFILE

| | |
|---|---|
| 1950 | 이라크 바그다드에서 출생 |
| 1971 | 베이루트 아메리칸대학교 학사(수학전공) |
| 1972~1977 | 런던 AA School 졸업 |
| 1977~1980 | Rem Koolhaas가 이끄는 OMA(Office for Metropolitan Architecture) 파트너<br>AA School 강의 |
| 1980 | 개인사무실 개설, AA School Diploma Unita Design Director |
| 1982 | 홍콩 Peak club 현상설계 당선, 하버드대학교를 포함한 유명대학의 객원교수 |
| 1986~1993 | 베를린 국제도시건축전(IBA: Internationale Bauausste-llung) 집합주택 설계 |
| 1988 | 구성적 해체주의 건축가 전시회, 뉴욕 현대미술관 |
| 1989 | 뒤셀도르프 아트 & 미디어센터 당선, 일본 삿포로 Moonsoon Restaurant 설계 |
| 1990~1993 | 비트라소방서(Weil am Rhein, 독일), 첫 번째 완공 작품 |
| 1994 | Cardiff Bay Opera House 당선, 하버드, 콜롬비아대학교 설계 강의 |
| 1995 | Royal Academy Summer Exhibition 특별상 수상 |
| 2004 | 프리츠커상 수상(여성건축가 최초) |
| 2006 | 베이루트 아메리칸대학교 명예학위 수여 |
| 2007 | 동대문 디자인플라자 공원 국제현상 지명설계 당선(환유의 풍경) |
| 현 재 | 빈 응용미술대학 교수 |

## THOUGHT

### “Abstraction opened the possibility of unfettered invention.”

자하 하디드는 20세기 초 러시아 구성주의 constructivism와 절대주의 suprematism에 영향을 받아 자신만의 실험적이며 독창적인 디자인을 추구하는 해체주의 여성건축가로 잘 알려져 있다. AA School 재학시절 졸업 작품으로 발표한 주제 “말레비치의 텍토닉(Malevich's Tektonik, 1977)”은 모더니즘의 부정과 함께 새로운 돌파구를 절대주의(기하학적 추상성)에 두고 있음을 보여주고 있다. 이러한 생각이 구체화되고 본격화된 것은 홍콩 Peak Club 현상설계의 당선이었다. 당시 심사위원이었던 Arata Isozaki는 그녀의 작품에 대해 “모더니즘의 최종 형식인 러시아 절대주의의 자율적 형식과 운동성을 구체적으로 검증한 작품”이라고 평가한 것을 보면 러시아 절대주의가 그녀에게 얼마나 큰 영향을 미쳤는지 알 수 있다.

이러한 기하학적 추상주의의 회화와 조각은 그녀의 건축에서 다시점 multiple perspective points과 파편화된 기하학 fragmented geometry의 특성으로 제시되었고 초기 작품에서는 유선보다는 강한 긴장과 방향성을 보이는 사선으로 표현되었다. 이러한 해체주의적 성향은 1988년 여름 미국의 MOMA(뉴욕 현대미술관)에서 ‘구성적 해체주의 건축전’이라는 전시회에 참여하면서 강한 인상을 남긴다.

하지만 홍콩 Peak Club을 비롯한 대부분의 작품이 지을 수 없다거나 예산 부족의 이유로 특별히 완공된 건축물이 없어 '건축물 없는 건축가'로 남아 있었다. 그러던 중 날카로운 모서리와 하늘로 치솟는 박공을 가진 독특한 형태의 비트라 소방서 Vitra Fire Station를 완공함으로써 커다란 주목을 받게 된다. 초기 드로잉에서 보여주었던 파편화된 사선, 탈중력, 무질서와 불규칙성, 비틀어진 축의 해체주의적 성향은 2000년대를 전후로 특히, the Centre for Contemporary Art, Rome 이후로 유선적인 형태와 유동적인 공간의 Organic Architecture(유기적 건축)으로 변환되고 컴퓨터기술은 이를 현실화시키고 있다.

자하 하디드에게 있어 유기적 건축은 자연환경과 구축환경(건축), 그리고 사회적 공간(인간)의 유기적 관련성을 내포하며 단순히 곡선을 강조하는 형태에만 국한되지 않고 공간의 내부와 외부, 건물과 주변환경, 더 나아가 커뮤니티까지 확장된 유기적 관계를 의미한다. 따라서 최근 그녀가 제시하고 있는 해체주의적 성향은 다른 해체주의 건축가가 보여주고 있는 특징과 구별되며 프랭크 로이드 라이트의 유기적 건축과도 다른 그녀만의 독특한 건축관이라 할 수 있다.

영국 AA School 시절 자하 하디드를 지도하고 OMA에서 함께 일했던 램 쿨하스는 그녀를 가르켜 "a planet in her own orbit"이라고 표현하고 있는데 이는 자하 하디드가 그녀만의 건축세계를 가지고 있었음을 시사하는 말이다.

## MAJOR WORKS

| | |
|---|---|
| 1986~1993 | IBA Housing, Berlin |
| 1989~1990 | Restaurant Moonsoon, Sapporo, Japan |
| 1990~1993 | Vitra Fire Station, Weil am Rhein, Germany |
| 1994~1996 | Cardiff Bay Opera House, Wales, England(unbuilt) |
| 1998~2003 | Rosenthal Center for Contemporary Art, Cincinnati, Ohio, USA |
| 1998~2010 | MAXXI(National Museum of the 21st Century Arts), Rome, Italy (Stirling Prize 2010 winner) |
| 1999~2002 | Bergisel Ski Jump, Innsbruck, Austria |
| 2000~2005 | Phaeno Science Center, Wolfsburg, Germany(2006 RIBA European Award) |
| 2001~2005 | BMW Central Building, Leipzig, Germany(2006 RIBA European Award) |
| 2005 | Ordrupgaard annexe(extention), Copenhagen, Denmark |
| 2001~2006 | Maggie's Centres at the Victoria Hospital, Kirkcaldy, Scotland |
| 2002~2012 | Pierresvives, Montpellier, France(RIBA National Award winner) |
| 2003~2010 | Guangzhou Opera House, Guangzhou, China |
| 2004~2011 | CMA CGM Tower, Marseilles, France |
| 2005~2008 | Bridge Pavilion, Zaragoza, Spain |
| 2005~2011 | London Aquatics Centre, London, UK |
| 2006~2008 | Hungerburgbahn new stations, Innsbruck, Austria |
| 2006~2010 | Chanel Mobile Art Pavilion, Worldwide |
| 2006~2010 | Evelyn Grace Academy, Brixton, London, UK(Stirling Prize 2011 winner) |
| 2007~2011 | Riverside Museum, Glasgow, Scotland |
| 2007~2012 | Heydar Aliyev Cultural Centre, Baku, Azerbaijan |
| 2009~2011 | Roca London Gallery, Chelsea Harbour, London, UK |
| 2010~2012 | Eli and Edythe Broad Art Museum, East Lansing, Michigan, USA |

ANALYSIS

# Vitra Fire Station

위치 : Weil am Rhein, Germany
구조 : Exposed and Reinforced concrete in situ(wall, roof pitch)
규모 : 지상 2층
연면적 : 852㎡
건물길이 : 90m, 장폭(소방차 차고) : 15m
준공년도 : 1993년
개념 : "Defining space rather than occupying space"

'돌로 된 번개' 라는 별칭이 붙은 비트라 소방서는 날카로운 모서리와 하늘로 치솟는 박공이 강한 인상을 주는 건물로 당시까지 '페이퍼 아키텍트 Paper Architect' 로 폄하됐던 하디드에게 있어 준공된 첫 번째 작품이었고 국제적인 인정과 관심을 얻게 해준 작품인 동시에 그녀의 건축관이 분명하게 제시된 건축물이다. 독일 바일에 있는 비트라 가구공장의 회장 롤프 펠바움 Rolf Fehlbaum이 1981년 큰 화재 이후 화재에 대비하여 공장시설 내에 소방서 건물을 그녀에게 주문하면서 시작되었다.

"우리는 전적으로 공장 대지에 대한 연구에서 시작하였다. 우리의 의도는 거대한 공장건물 사이에서 사라지지 않도록 요소들을 배치하는 것이었다. 또한 복합단지의 주도로에 리듬과 정체성을 부여하는 동시에 전체 대지를 구성할 수 있는 요소들을 사용했다.

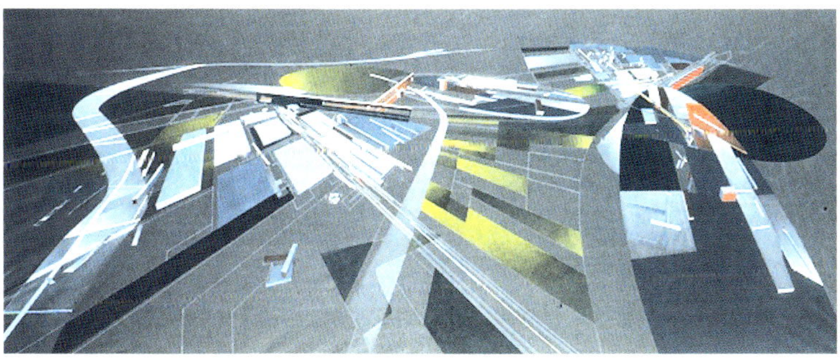

주변현황

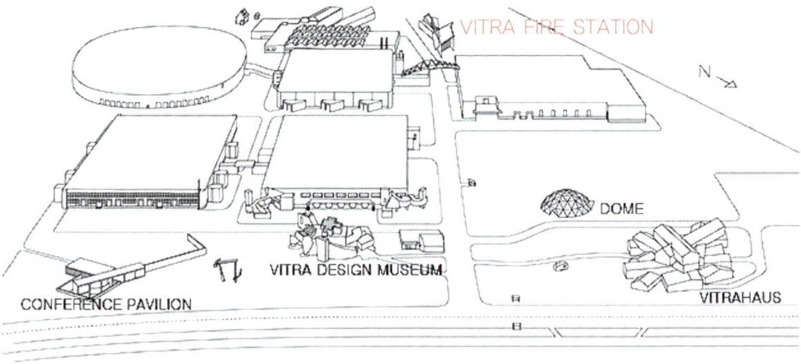


대지의 가장 끝에 위치하고 있다.

소방서는 공장의 맨 끝에 위치하여 마치 근접한 농경지와 포도밭의 선적인 패턴을 인공적으로 확장하듯이 선적인 풍경지역 linear landscape zone으로 고려되었다. 따라서 고립된 대상으로 디자인된 건물이라기보다는 풍경지역의 바깥 가장자리로 발전시켰다. 건물을 규정짓고 수용하는 기능의 공간은 건축적 개념을 발전시키는 시작점이었다. 즉 선적이며 층을 이루는 일련의 벽들이었다. "(EL Croques, Zaha Hadid, 1983~2004, p.140)

비트라 소방서는 절대주의 회화, 특히 카시미르 말레비치나 미하일 체르니코브의 작품에서 많은 영향을 받았기 때문에 사선적 요소를 통한 조형적 긴장감, 뒤틀리고 기울어진 선과 면을 통한 중력에의 저항, 불규칙적인 드로잉 표현, 내부 색채를 통한 시각적 자극, 중첩에서 보여주는 무질서함 등이 거침없이 표현되어 해체적 성향을 강조하고 있다.

대지분석

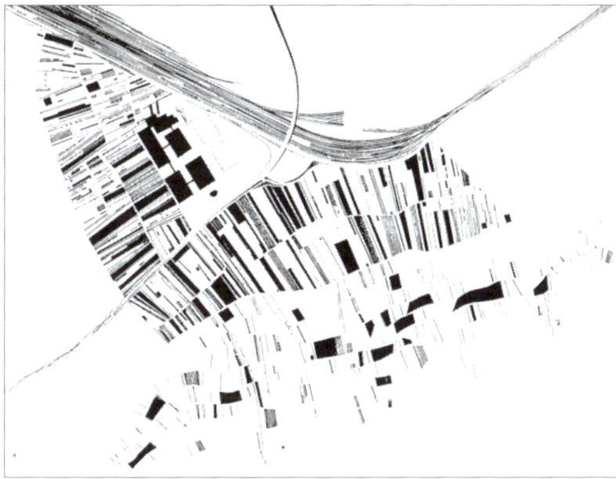

대지 주변의 풍경은 파편화된 역동적인 선으로 표현(Linear Landscape)

Drawing(painting/ rendering)

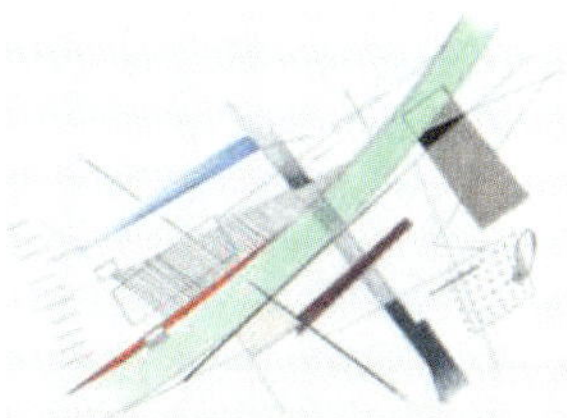
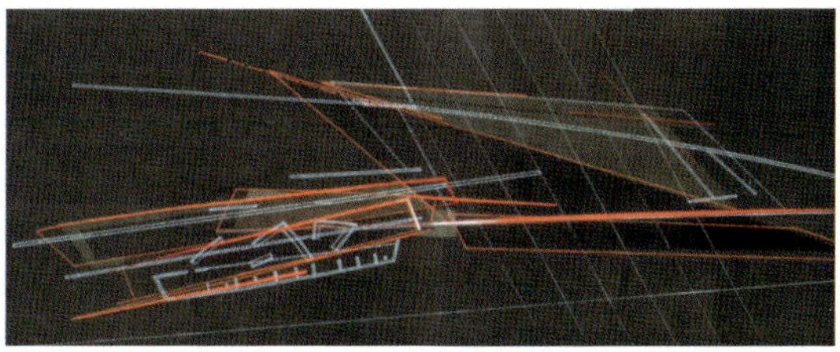

파편화(fragmentation)는 형태이미지의 중심을 형성하지만 방향성과 유동성으로 변형된다.

## 평면도

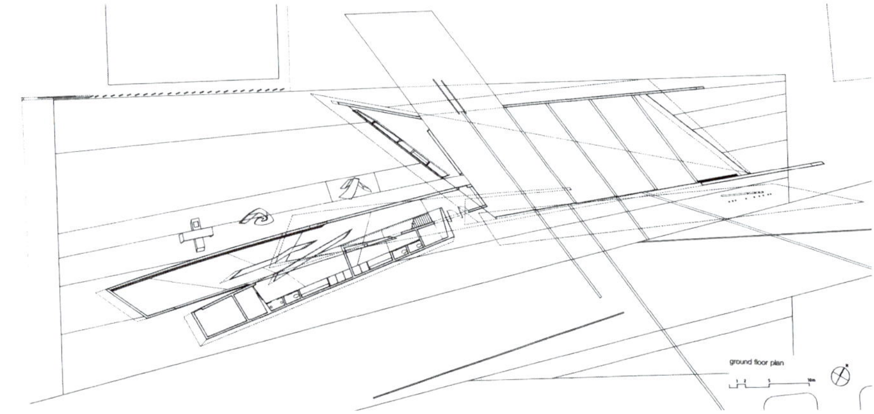


1층 평면도

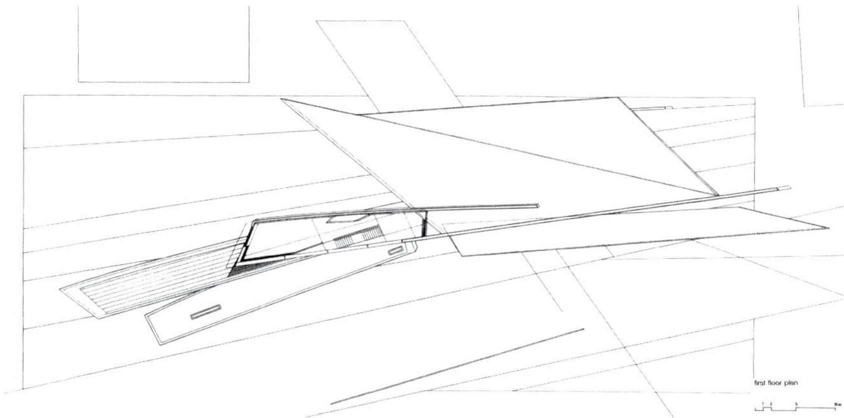


2층 평면도

층별 구성을 보면, 1층은 높은 층고의 소방차 차고, 피트니스센터, 화장실, 탈의 및 샤워실, 2층은 소형 부엌, 휴게실(회의실), 루프 테라스로 구성되어 있다.

건물의 배치와 형태는 주변의 농경지와 포도밭의 선적 풍경을 끌어들이고 추상회화의 드로잉을 접목시켜 90m에 달하는 좁고 긴, 그리고 중첩과 기울어짐을 통한 역동적이고 긴장감 넘치는 형태로 변형하였다. 특히, 소방

배치도

선적 요소와 중첩이 강한 긴장감을 유도한다.

차 차고 위로 하늘로 향한 비틀린 콘크리트 캐노피는 긴장감과 함께 중력에 대한 저항의 절정을 보여준다. 또한 추상적 아름다움과 형태의 단순미를 왜곡시키지 않기 위해 창문, 핸드레일, 전등 등의 디테일은 최소화하였다.

내부에 들어서면 휘어지고 기울어지고 끊어진 일련의 벽들 사이에서 기능을 담당하는 공간들이 막힘없이 연결되고 있다. 중첩에 의해 형성된 벽체의 가장자리 틈새로는 빛이 흘러들어와 다양한 공간감을 부각시킨다. 2층에서는 회의실과 주방을 사이에 두고, 옥외 테라스가 좁아보이는 공간에 여유를 주며, 테라스로 향하는 벽체의 진한 빨강색은 방향성과 함께 시각적 긴장감을 고조시킨다. 테라스를 통하여 내 · 외부 공간은 시각적으로 자유롭게 열린 공간을 연출하고, 주변의 풍경을 끌어들이는 역할을 하고 있다. 2층 공간은 직원들의 친목모임이나 제품 전시장과 같은 용도로도 사용 가능하여 공간적인 융통성도 제공한다.

배면 전경

출입구 전경

## 입면도

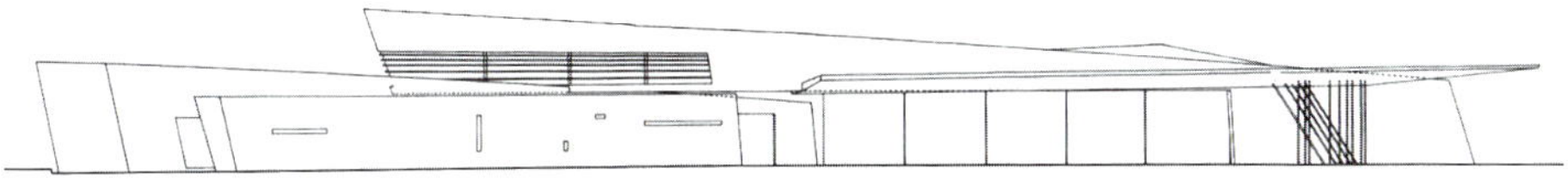

북측 입면도

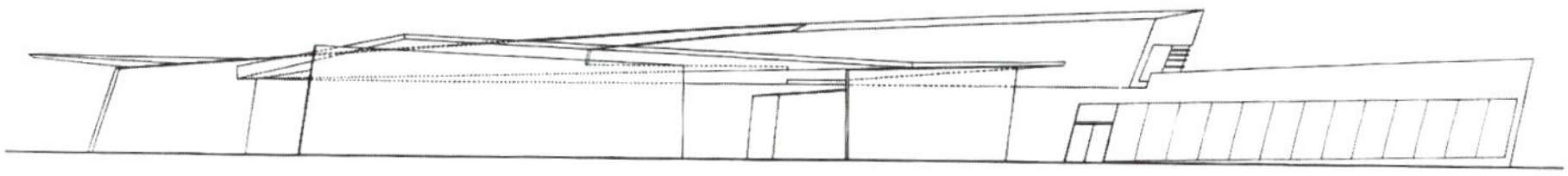

남측 입면도

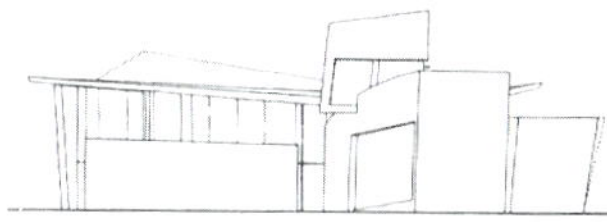

서측 입면도

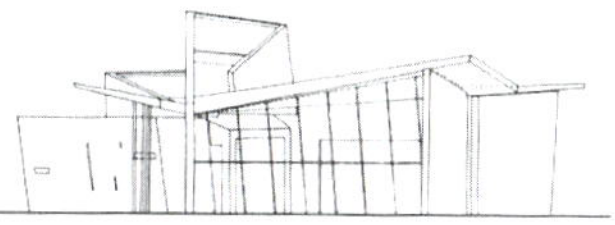

동측 입면도

## 횡단면도

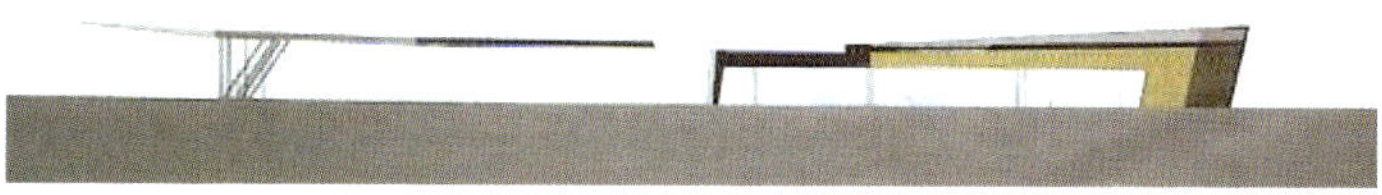

출입문

비트라 소방서는 직원 중 지원자로 구성되어 운영되었으나 비트라 지역이 지역 소방서 관할지역에 포함되면서 소방서로서의 역할을 마치게 되어 한동안 특별한 용도 없이 부분적으로 방치되기도 하였다. 이 때문에 하디드의 설계 오류로 인해 소방서가 제 역할을 다할 수 없었기 때문에 폐쇄되었다는 소문이 있었으나 그것은 사실이 아니며 현재는 비트라 의자 컬렉션 전시장으로 활용되고 있다.

**"The whole building is movement, frozen. It expresses the tension of being on the alert; and the potential to explode into action at any moment."**

계단실 상하부

소방차 차고(가변형 벽체)

피트니스 센터 진입로
및 내부공간

탈의 및 샤워실

주방 방향으로 바라본 모습

휴게실 방향으로 바라본 모습

roof terrace

## ACCEPTANCE SPEECH

### The State Hermitage Museum, St. Petersburg, Russia

존경하는 Cindy Pritzker, Tom Pritzker, 프리츠커가, 심사위원님들, 친구들과 동료들, 그리고 신사숙녀 여러분, 이 상을 받음은 대단한 영광입니다. 솔직히... 이렇게 특별한 상을 받는 것은 아주 기분 좋고 기쁜 일입니다. 우리 모두는 이처럼 특별한 방식으로 혁신적으로 건축을 진보시키는 프리츠커가에 감사해야 합니다.

7년 전 저는 미스 반 데 로에의 '판스워즈 주택'에서 Palumbo 경과 함께 Jay & Cindy Pritzker를 만났을 때 건축에 대한 그들의 관대한 후원을 누릴 수 있는 날이 저에게 오리라고 생각지 못했습니다. 이 상의 영광은 매우 바쁜 시기에 이루어져 회상을 위한 휴식을 가질 여유를 주었습니다.

Restaurant Moonsoon

Vitra Fire Station

저는 이 순간을, 한참 전에 했어야 했는데, 오랫동안 저를 지원해주신 제 가족, 친구들, 선생님들, 학생들, 동료들과 의뢰인들에게 감사하는 기회로 삼고 싶습니다. 그들은 건축을 향한 저의 열정을 공유해 주셨고 제 목표에 용기를 북돋아 주셨습니다. 모두에게 감사드립니다. 진심으로 감사드립니다. 특별히 언급해야 할 몇 분이 계십니다.

Rem Koolhaas, Elia Zenghelis는 저의 선생님으로서 결정적이었습니다. 건축에 대한 그들의 이해와 열정은 무엇보다 먼저 저의 야망을 점화시켰으며 그들의 격려는 저의 이상한 직관조차도 신뢰하도록 가르쳐 주셨습니다. 저의 학생시절과 교수시절 AA스쿨의 환상적인 학장이셨던 타계하신 Alvin Boyarsky는 제 생각을 표출하도록 저의 첫 번째 연단을 제공해 주셨습니다.

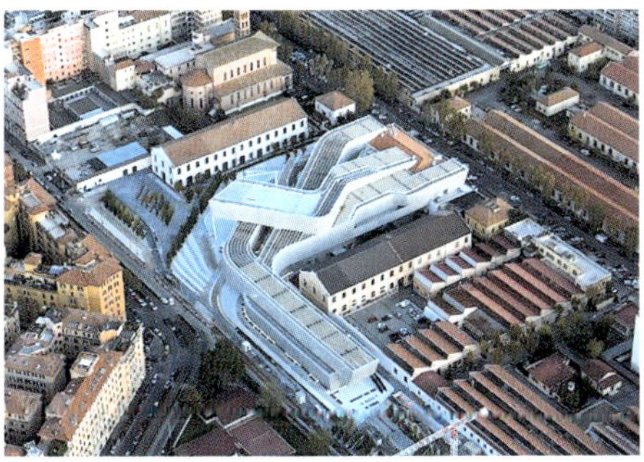

MAXXI

BMW Central Building

Phaeno Science Center

Maggie's Centres at the Victoria Hospital

Pierresvives

Rosenthal Center for Contemporary Art

CMA CGM Tower

그는 실험적 강단을 세우기 위해 건축계에 빈 공간을 끼워넣어 주셨습니다. 타계하신 Peter Rice는 한 때, 제 작품이 세워지기 어려운 상황에서 격려해주시고 강력한 지지를 해 주셨던 훌륭한 기술자로서 인정하고 싶습니다. 의뢰인으로서 위임과 신임을 주셨던 독일 바일의 가구공장 비트라의 회장 Rolf Fehlbaum께도 감사하고 싶습니다. 그는 처음으로 공간에 대한 제 시각을 구체화할 수 있는 시간과 예술적 자유를 제공해 주셨습니다. 자연스럽게 저의 모든 일은 많은 재능과 좀 더 어려운 많은 작업인력이 요구되었습니다.

일이 확장되면서 중요한 과제 중의 하나는 탁월한 협력자 그룹을 구축하는 것이었습니다. 초기에 Michael Wolfson과 Brian Ma Siy, Markus Dochantschi와 시작했지만 현재, Graham Modlen, Woody Yao, Jim Heverin, Christos Passas, Stephane Hof, Sarah Klomps, Gianluca Racana, Paola Cattarin, Ken Bostock, 그리고 Jan Hubener가 팀을 이끌고 있습니다. 마지막으로, Patrik Schumacher의 대단한 공헌에 감사하고 싶습니다.

많은 해 동안 마음이 통하는 협력자로서, 그는 일에 있어 실질적인 영향을 주었습니다. 이처럼 훌륭한 상을 수상하는 데 노력해 주신 분들은 너무도 많습니다. 이 자리를 통해 모든 분들께 감사드립니다.

Bridge Pavilion

Ordrupgaard annexe(extention)

Guangzhou Opera House

London Aquatics Centre

최근 저의 포부를 말씀드리기에 앞서, 제 경력의 발전에 있어 영향을 주었던 몇 가지를 되돌아보고 싶습니다. 첫 번째로 언급하고 싶은 일은 이라크에서 비종교적, 현대적 훈육을 받은 것입니다. 제 부모님들의 열린 마음과 헌신적인 지원에 감사해야 할 것 같습니다. 그 당시는 많은 장소에서 발전하는 세상이었으므로 진보에 대한 끊이지 않는 믿음과 좀 더 나은 세상의 건설에 대한 잠재력에 대하여 엄청난 낙관론이 있었습니다. 비록 이 시기의 역사적인 가속도는 지속되지 않았지만 저는 낙관론에 대한 근본적인 감각을 결코 잃지 않았습니다. 이러한 정신은 오빠들과 공유한 것 같습니다. 어떤 단서가 그들을 고무시켰는지 알 수 없지만 그들이 제의했을 때 저는 이라크의 첫 번째 여성 우주비행사가 되거나 또는 러시아에서 건축을 공부해야 했습니다.

실로, 새로운 것을 포용하는 모험정신과 발명의 힘에 대한 믿기 어려울 정도의 신뢰는 저를 러시아 아방가르드에 매료시켰습니다. 70년대 중반 런던의 AA스쿨에서 렘 쿨하스와 엘리아 젱겔리스의 스튜디오에 들어간 때였습니다. 혁명적인 러시아의 작품을 공부하면서 어떻게 근대건축이 창조적 자유에 있어 이전에는 상상도 못할 영역을 정복함으로써의 추상적 예술에 의해 성취된 돌파구를 세웠는지 깨달았습니다.

Chanel Mobile Art Pavilion(Paris)
Evelyn Grace Academy
Riverside Museum

Heydar Aliyev Cultural Centre

예술은 창조보다는 재현으로 제시되기도 합니다. 추상은 무제한적인 발명의 가능성을 엽니다. AA스쿨의 초기 작업에서 Malevitch와 El Lissitzky에 사로잡힌 것은 아주 신나는 역사적인 순간을 다시 체험하도록 해 주었습니다. 고무된 근대건축의 에너지 원천으로 돌아가는 것은 중요했습니다. 사실, 여기에는 믿을 수 없는 열광과 기대하지 못했던 접근의 다양성이 있었습니다. (초기 아방가르드건축의 보물이 오늘날 우리가 러시아에서 목격한 경제팽창의 파도에 생존할 수 있기를 매우 바랬습니다.)

특별히 Malevitch를 통하여 제가 매혹되었던 것에 대한 하나의 구체적인 결과는 디자인 수단으로써 회화를 시작한 것이었습니다. 이 매체는 공간의 발견에 대한 첫 번째 영역이 되었습니다. 건축에서의 드로잉에 대한 전통적인 체제의 부족함에 제한을 느꼈었고 표현의 새로운 수단을 찾고 있었습니다.

아이소메트릭이나 투시도 투영의 집착적 사용은 공간이 일관성과 지속성을 잃지 않고 활력과 복잡성을 얻기 위해서는 왜곡되거나 포장되도록 이끌었습니다. 작품의 추상성에도 불구하고 이러한 작업은 항상 건축의 현실과 실생활을 목표로 했습니다.

Eli and Edythe Broad Art Museum

제 스스로 준비한 일 중의 하나는 파편화와 성층 같은 복합적 기술의 급진적 초기 아방가르드의 실험정신 안에서 모더니즘의 끝나지 않은 작업의 지속이었습니다. 파편화의 의미는 요새화하는 대신 밀폐된 체적을 열거나 다공성을 제안하는 것입니다. 저는 항상 지면상태의 활기에 관심을 가져왔습니다. 지면은 최고의 도시잠재력을 가지고 있으며 전통적인 건축에 의해 무시되었습니다. 지층평면도는 개방되고 증식되어야 합니다. 저는 도시기하학의 유동성과 균일함을 잃지 않고 활기로 지면을 가득 채우기 위한 수단으로써 인공적인 풍경과 지형의 개념을 사용합니다. 궁극적으로 건축은 사회생활의 모든 면을 위한 즐겁고 자극적인 환경의 창조에 관한 모든 것입니다. 하지만, 현대 사회는 가만히 서있지 않습니다. 공간의 배치는 삶의 패턴과 함께 발전합니다.

미스 반 데 로에가 말한 것처럼 "건축은 시대, 삶, 변화, 새로움의 의지입니다." 저는 우리 시대의 새로움은 사회의 복잡성에 대한 새로운 수준이라고 생각합니다. 더 이상의 단순한 공식은 없습니다. 세계적인 해결도 없으며 반복도 거의 없습니다.

복합성과 활력의 현대적 삶은 고전적인 규율에 의해 제공된 단순한 정신적 형태로 주조될 수 없음을 믿습니다. 또한 근대 양식은 더 이상 표현의 수단이 될 수 없습니다. 우리는 초기 모던 시기의 사회적 프로그램과 비교하면서 좀 더 복잡하고 계층화된 사회적 다이어그램을 다루어야 합니다. 따라서 제 작업은 복잡성 증가에 대응하기 위한 디자이너와 도시계획가를 구할 수 있는 구성목록의 팽창에 관심을 가지고 있습니다. 이것은 공간과 구조의 구축안에서 활기찬 과정을 표현하고 조직하려는 시도를 포함합니다. 이러한 목표는 다양한 규모에서, 즉 도시 전체의 조직에서부터 다양한 건물의 규모를 통하여, 그리고 내부 공간까지 적용됩니다.

추상과 낯섦에 대한 초기 감각은 피할 수 없으며 개인적 고의의 표시가 아닙니다. 저의 가장 중요한 관심은 항상 표현보다는 조직화에 있습니다. 동시에 독특한 문제들의 새로운 환경에 놓임으로써 건축은 쉼 없는 사회에 밀리고 새로운 디지털 디자인 도구들은 기회라는 미지의 영역으로 건축을 끌어들이고 있습니다. 이것은 제가 현재 심취하고 있는 것 중의 하나입니다. 이 같은 새로운 도구를 기반으로 하는 건축의 유기적 언어 발달은 유동화하고 빈틈없이 고도의 복잡한 형태를 통합하도록 해 줄 것입니다. 흥미로운 일은 이러한 목표가 캔버스에서 다양한 건축현장으로 옮겨졌다는 점입니다. 이 프리츠커상의 수상이라는 이정표가 이 목표로 저를 더 이끌어주길 희망합니다.

# Thom Mayne

## Pritzker Architecture Prize Laureate 2005

### PROFILE

| | |
|---|---|
| 1944 | 코네티컷(Connecticut)주 Waterbury에서 출생 |
| 1953 | 부모 이혼 후 피아니스트였던 어머니, 동생과 함께 South of Hwittier, CA로 이주 |
| 1968 | USC(University of Southern California) 학사 |
| 1972 | the California State Polytechnic University, Pomona의 학장과 견해차로 해고 |
| | SCI-Arc(Southern California Institute of Architecture) 건축학원 개설 |
| | Morphosis 명칭의 설계사무소 개설(LA) |
| | (Mayne, Livio Santini, James Stafford and Michael Brickler) |
| 1974 | Sequoyah Educational Research Center |
| | (첫 번째 작품으로 Progressive Architecture award 수상) |
| 1975 | Michael Rotondi의 Morphosis 합류 |
| 1978 | Harvard GSD(Graduate School of Design) 석사(안식년 기간) |
| 1979 | LA로 돌아와 Morphosis 운영 |
| 1987 | Rome Prize Fellowship으로 이탈리아 체류 |
| | (대학 졸업 후 5~6년 여름마다 유럽에 머물면서 다른 시각에서 건축 이해) |
| 1991 | Michael Rotondi와 분리 독립 |
| 1992 | UCLA architecture and urban design professor |
| 2005 | 프리츠커상 수상 |
| 2009 | President's Committee on the Arts and the Humanities 회원 |
| 2011 | SCI-Arc(Southern California Institute of Architecture) 이사 선임 |
| 2012 | the NOW Institute(톰 메인의 연구스튜디오) 설립 |
| 2013 | AIA Gold Medal(69번째 수상자) |
| 현 재 | UCLA & SCI-Arc 교수, Morphosis 대표 |

## THOUGHT

"The multiplicity of ideas is what I'm interested in."

LA건축계에서 'a bad boy', 'an angry young man', 'a maverick', 'loose cannon'로 불리며 스스로도 건축계의 개성 강한 아웃사이더로 여겼던 톰 메인은 모더니즘의 통일성과 단순성, 전통적인 커뮤니티에 대하여 반기를 들고 급변하고 복잡하게 변하는 시대와 사회 · 문화의 흐름과 변화에 건축도 끊임없이 변해야 하며 새로운 접근방식으로 바라보고 접근해야 한다고 주장한다. 그가 추구하고 있는 건축에 있어서의 실험정신은 매우 직관적이고 반사적이어서 모순, 갈등, 변화, 역동이라는 표현이 수식어처럼 따라오며 해체적으로 보이기까지 한다. 어쩌면 이는 다원적, 이질적인, 그리고 자유로운 LA의 시대상을 반영하고 있다고도 볼 수 있다.

이러한 사회적 변화나 복합성에 대한 대응방식이 타인에게는 해체 Deconstruction나 하이테크 High-tech에 관심이 있는 것처럼 보일지 모르지만 본인은 그보다는 통일과 질서 속에서의 작업을 할 수 있는 재구축 Reconstruction이나 사회적 관계, 커뮤니케이션에 더 관심이 있다고 말하며 건축은 결국 커뮤니케이션의 수단이라고 언급하고 있다.

그의 작업과정을 보면, 모든 가능성을 열어두고 근원적인 의문으로부터 시작하여 검토하고 검증하는 단계의 반복을 통하여 새로운 해답을 찾으려 노력하기 때문에 초기 자유로운 아이디어의 다양성은 작품의 전개에 있어 매우 중요한 부분을 차지한다. 따라서 예측되거나 예견된 결론보다는 아이디어의 디자인 반복과정 속에서 기존의 틀을 깬 새로운 구성과 형태가 도출된다.

또한 이것을 분석하고 재작업하기 위한 수단으로써 모델과 도면은 매우 중요한 수단이 된다. 이러한 접근방식은 마치 목적지 없이 항해하는 배 같지만 직감이나 재확인 작업은 적절한 건축적 산물로 실체화된다고 믿는다. 또한 테크놀로지 Technology에 대해서도 기술은 인간의 환경을 상징하면서 동시에 찬미하는 것으로 사용되어야 한다고 믿고 있다.

**"I have no interest in what is beautiful or not … beauty by whose cultural standards? I'm interested in something that communicates intelligence, communicate ideas and hopefully increases inquisitiveness. Keeps you asking questions, something that you don't understand … hat you look at and haven't seen it before. It seems like it's my role as an artist to help somehow define what the nature of architecture was in my time. That's what I taught my entire life. My students, it's their job to define that and talk about the nature of how the world has changed."**

## MAJOR WORKS

| | |
|---|---|
| 1985~1986 | Kate Mantilini, Beverly Hills, CA |
| 1986~1988 | Cedar Sinai Comprehensive Cancer Center, LA, CA |
| 1987~1991 | Crawford Residence, Montecito, CA |
| 1990~1991 | Salick Healthcare Office Building, LA, CA |
| 1993~1997 | Blades Residence, Santa Barbara, California |
| 1995~1997 | Sun Tower, Seoul, Korea |
| 1993~1999 | Diamond Ranch High School, Pomona, California |
| 1998~2000 | University of Toronto Graduate House, Toronto, Ontario, Canada |
| 1996~2002 | Hypo Alpe-Adria Center, Klagenfurt, Austria |
| 1993~2004 | Science Center School, LA, California |
| 1999~2005 | University of Cincinnati Student Recreation Center, Cincinnati, Ohio |
| 2001~2005 | Caltrans District 7 Headquarters, LA, California |
| 1999~2006 | Wayne L. Morse United States Courthouse, Eugene, Oregon |
| 2002~2006 | Public Housing in Madrid, Spain |
| 2001~2005 | NOAA(National Oceanic Atmospheric Administration) Satellite Operation Facility, Suitland, Maryland |
| 2000~2007 | San Francisco Federal Building, San Francisco, California |
| 2004~2008 | Cahill Center for Astronomy and Astrophysics at the California Institute of Technology, Pasadena, California |
| 2004~2009 | Cooper Union's 41 Cooper Square, New York, New York |
| 2008~2013 | Perot Museum of Nature & Science, Victory Park, Dallas, Texas |

ANALYSIS

# Blades Residence

위치 : Santa Barbara, California, USA
구조 : 철근콘크리트조
규모 : 지상 2층
건축면적 : 5,700sq ft (530㎡)
재료 : Metal sliding, Red wood, Exposed Concrete
준공년도 : 1997년
개념 : "to activate land surface and respond to a natural site on a scale that makes it distinct from houses we had constructed in the past"

건축주인 Richard and Vicki Blades 부부가 1990년 시카고 여행에서 돌아왔을 때 화재로 집은 사라져 있었다. 부부는 기존에 유행하던 Ranch house가 아닌 전혀 새로운 형태의 주택을 원했고 모포시스의 Crawford house를 방문하고 만족함으로써 계약이 이루어졌다.

모포시스(톰 메인+마이클 로톤디)는 이 주택의 개념을 다음과 같이 설명하고 있다.

"캘리포니아 산타 바바라의 the Blades Residences는 새롭게 대지를 활성화시키고 과거에 세워진 주택들과 구별하기 위한 규모로 자연스런 대지에 반응하는 것이었다. 이를 위해 모포시스는 전략적인 요소로 내 · 외부의 활발한 상호작용을 이어주는 '정원 공간'을 만들었다. 디자인 초기에 정원공간은 넓은 타원형의 벽체에 의해 둘러시도록 한 반면, 주택은 대지를 측면에서 가로질러 분절 fragment하였다.

주변현황

주변의 미국식 Ranch house와 구별되는 외형

외부공간을 만들기 위해 두 가지 형태의 벽이 사용되었는데, 첫 번째 벽은 기하학적인 수직벽으로 주변의 주택과 어울릴 수 있도록 하였다. 두 번째 벽은 타원형의 벽으로 외부실의 공간을 설정하고 확장시키는 역할을 한다. 초기 둘러싸는 공간을 위한 두 개의 극단적인 관점에서, 분리된 요소는 도로와 대지 내부를 연결시킴으로써 주택을 정착시킨다. 도로변의 눈에 띄지 않는 차고와 갤러리는 주변의 성격을 따르려는 신중한 제안이라 할 수 있다. 대지의 가장 먼 곳에 위치하고 있는 침실은 경계벽에 다리를 벌리고 내부와 외부 공간 사이에서 중재역할을 하고 있다.

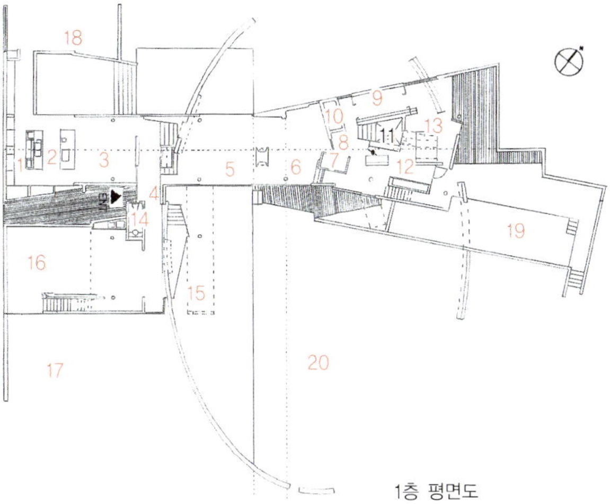

1층 평면도

1. Pantry
2. Kitchen
3. Dining Room
4. Entry
5. Living Room
6. Den/Media
7. W/C
8. Lavatory
9. Closet
10. Dressing Room
11. Shower
12. Corridor
13. Bedroom
14. 1/2 Bath
15. Corridor
16. Gallery
17. Outdoor
18. Garage
19. Swimming Pool
20. Garden Space

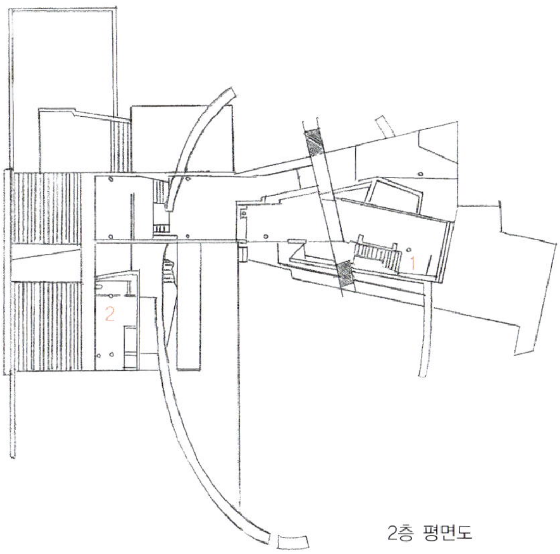

2층 평면도

1. Study Room
2. Art Storage

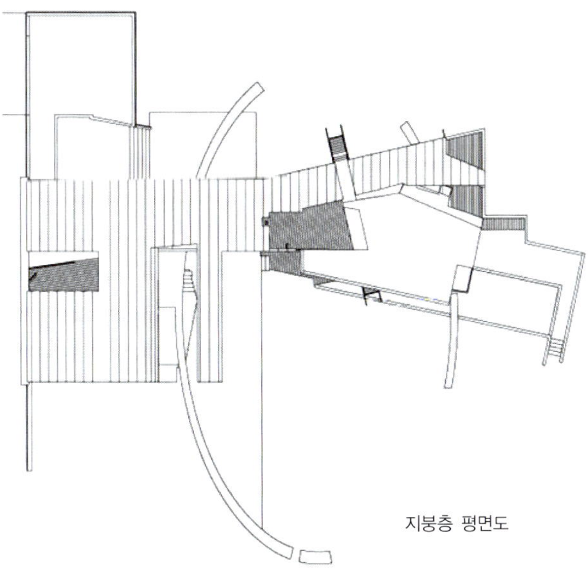

지붕층 평면도

진입도로 전경

타원형의 벽체가 내 · 외부 공간을 설정하는 역할을 한다.

1층 공간구성

입구의 Red wood의 수평선이 진입을 유도한다.

배면 및 수영장 부분 야경

내 · 외부 공간의 상호작용을 연결하는 내부의 정원 공간

곡면형태의 지붕은 보호받는 안식처를 만들기 위하여 대지로 파고드는 구조적 느낌을 강화하고 있다. 주택 형태의 어떤 부분은 병치된 사선으로 대지로부터 날아가 수영장 위에서 캔틸레버로 2층의 공부방을 만들었다. 이 집 안에서 외부와 내부의 공간은 서로 맞물리거나 관통하면서 분명한 실이라기보다는 일련의 중첩된 구역을 형성하며, 분절과 자연스런 빛과 풍부한 조망을 제공하는 뚫린 공간은 일련의 출현과 후퇴에 의해 강화된다.

층별 구성을 보면, 1층은 갤러리, 부엌 및 식당, 차고, 서실, 화상실, 욕실, 부부침실을 배치하고 건축주의 의도에 따라 갤러리를 타원형벽에 의해 외부공간에 두어 내부공간인 가족공간과 분리하였다. 2층은 갤러리 상부에 미술품 수장고를, 부부침실 상부에는 공부방이 계획되었다.

톰 메인은 당시 대지와 동화되면서 풍경과 건물이, 내부와 외부가 결합되는 개념을 추구하였고 기존의 주택양식 Ranch house을 거부한 새로운 형태를 찾았는데 이 주택은 이러한 생각을 만족시켜준 작품인 동시에 90년대 캘리포니아지역에 새로운 스타일의 주택을 제시한 선구적인 건물이라는 점에서 더욱 의미가 있다.

입면도

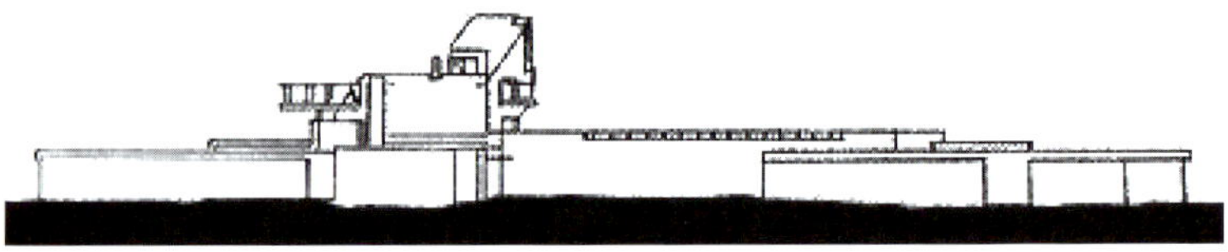

북측면도

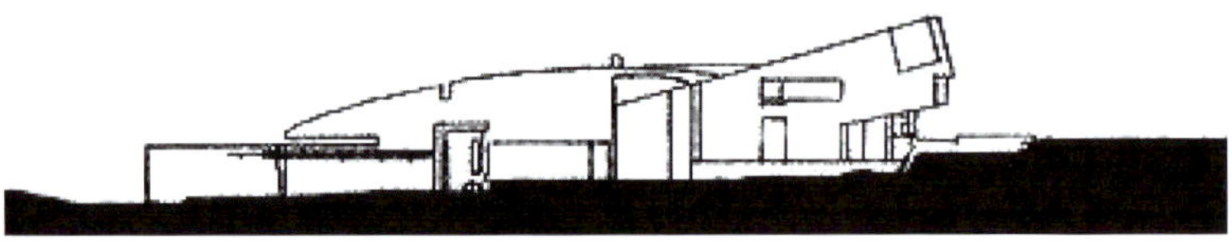

동측면도

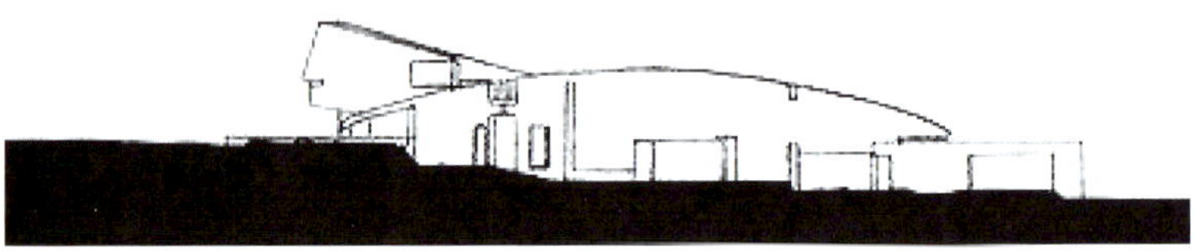

서측면도

부부침실

부부침실에서 2층 공부방으로 오르는 계단

수영장 방향과 반대방향으로 바라본 부부침실

단면도

Gallery/Garage 부분 종단면

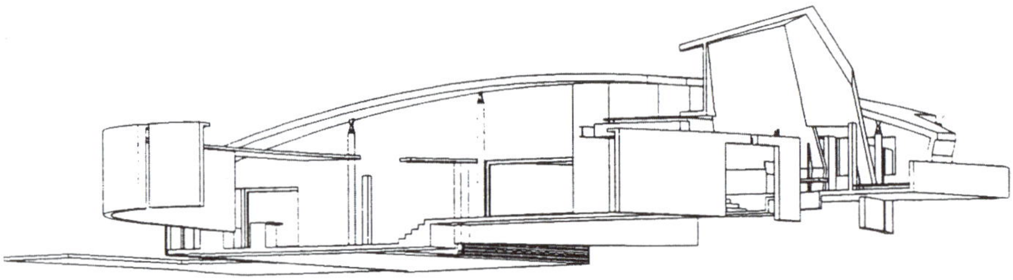

Kitchen/Living Room 부분 횡단면도

진입복도에서 바라본 거실

거실의 소파와 조각

부부침실 옆 세면대

부부침실 옆 샤워실

2층 복도에서 외부로 돌출된 발코니

## ACCEPTANCE SPEECH

### The Jay Pritzker Pavilion, Chicago, Illinois

유년기부터 저는 어머니와 남동생과 함께 시카고로 주말 여행을 갔던 멋진 기억들을 가지고 있습니다. 처음부터, 그리고 영원히 도시에 의해 흥분되었던 것은 이러한 여행을 통해서였습니다. 저의 첫 도시로 돌아가 보는 것보다 더 좋은 방법은 없습니다. 이번 기회에, 여기 The Jay Pritzker Pavilion에서... 프랭크 게리, 우리가 낙관, 에너지, 완벽, 그리고 당신의 예술적 기업의 전적인 헌신이 이곳에 가득하다고 말할 때 우리 모두를 위한 것이라고 말해야 함을 알고 있습니다.

지금 이 순간, 여기 서 있는 저에게 있어서 당신의 파빌리온은 마치 이 행사를 위해 만들어졌다는 느낌이 듭니다.

Kate Mantilini

Diamond Ranch High School

Cedar Sinai Comprehensive Cancer Center

Crawford Residence

Salick Healthcare Office Building

Public Housing in Madrid

Cooper Union's 41 Cooper Square

Perot Museum of Nature & Science

Science Center School

Caltrans District 7 Headquarters

Daley 시장님, Palumbo 경, Tom & Cindy Pritzker, 그리고 프리츠커가의 모든 분들께 건축을 후원해 주심에 감사드리고 싶습니다.

여러분의 공헌은 이 나라와 세계에 전반적인 건축 분야의 능력과 시야를 높여 주었습니다. 저를 신뢰해 주신 심사위원분들께, 의뢰인들께, 또... 뭐라고 말해야 하죠?... 여러분께서는 불신을 중단시키고 현실에 비전을 제시하셨습니다. 그리고 지금 여러분 모두는 비전 제시에 대한 이야기입니다. 모포시스의 동료 여러분, 우리의 일은 공동작업의 결과입니다. 동료 모두에게 감사하며 여러분의 헌신과 열정에 경의를 표하며 이 상을 받습니다.

Sun Tower

Wayne L. Morse United States Courthouse

University of Toronto Graduate House

Hypo Alpe-Adria Center

Cahill Center for Astronomy and Astrophysics at the Caltech

오늘 이 밤 여러분의 35년은 공동작업의 200년을 대표합니다. 친구 여러분, 이 밤 저와 함께 이곳에 있다는 것은 많은 것을 의미합니다. 우리의 관계는 내가 누구이며 왜 오늘 여기에 있는지를 알게 해 줍니다. 가족들에게, 아들 Richard, Sam, 그리고 Cooper, 나는 너희들의 아버지인 것이 자랑스럽다. 그리고 저의 맞수이자 그 이상인 아내 Blythe, 당신은 제 삶의 모든 곳에 있습니다. 이 상을 온전히 함께 나누고자 합니다.

건축은 우리의 장소와 세상에 대하여 질문하고 생각하고 바라보는 방식입니다. 건축은 자연스런 호기심, 비판에 대한 열린 마음, 확고함으로 행동하는 의지를 요구합니다. 한 명의 건축가가 성장하는 데는 꽤 오랜 시간이 걸립니다. 사람들은 생각하고 세우고 조립하고, 현실의 개인적인 비전을 드러내고 일의 기초가 이뤄질 때까지 이런 과정을 반복합니다.

Blades Residence

건축의 위대한 힘은 개인의 영역에서 개인적인 비전을 취하고, 인간의 특성과 우리 공동체를 규정하는 복잡성 · 갈등 · 긴장에 몰입하여 무엇인가를 고려하는 데 있습니다. 이러한 연결과 교차의 장소에 저를 위해 존재하는 일들의 DNA문제와 생성물질이 있습니다. 사람들은 직감적으로 시작하여, 예감을 통해서, 이해할 수 있고 양육하고 발전시키려는 문제의 중요한 부분을 찾습니다. 저는 어떤 일도 어떻게 될 것이라고 미리 생각하지 않습니다. 다른 부서와 함께 일할 때, 단지 독특한 방식으로 발전시킬 초기 배아의 느낌만이 필요합니다. 과정의 결과는 작업이나 환경에 의해 최대로 구체화될 것입니다. 이것이 제가 가장 노력하는 건축에서의 가치입니다.

물론, 모포시스의 작품으로 인식하게 만드는 작업과 건물들, 특징 사이에는 피할 수 없는 유사성이 있습니다. 하지만 그것이 저에게 흥미있는 것은 아닙니다. 저는 결과보다는 과정에 좀 더 관심을 갖습니다.

San Francisco Federal Building

Univ. of Cincinnati Student Recreation Center

저는 충격을 줄 수 있는 엄청나게 많은 현실을 흡수함으로써 정보의 가장 작은 단서로부터 나타나고 발전시킬 수 있는 것에 몰두합니다. 이러한 과정에서 목표는 처음에는 알 수 없습니다.

삶처럼 진화하고, 적응하고, 변형되고, 버려지지만 역사 속에서 선험적 해결책과 우리 직업의 과잉투자에 노예가 되지는 않습니다. 무언가가 저를 도시로 돌려보냈습니다. 저에게 있어 도시는 인류의 가장 심오하며 계속적으로 알 수 없는 중요한 방식으로, 고정되지 않은 채, 임의의 상호작용과 교환, 직면... 다양한 지성의 엄청난 규모 내에서 변화하고 진화하는 신비스런 창조물입니다. 뜻밖의 행운, 자발적인 연소가 발생하는 도시에는 진정한 창조성의 잠재력이 남아 있습니다. 저는 믿건대, 이것이 도시가 이 나라에서 자유로운 전통의 근거지인 이유입니다.

우리의 도시는 계속적인 재생산과 무한한 가능성의 장소이며 팽창의 태도를 요구하는 곳입니다. 하지만 21세기 첫 10년 동안, 두려움이 주입되고, 현재의 삶에 동반하는 현실의 복잡성에 의해 고정화되어 우리 자신을 찾으려는 것처럼 보입니다.

NOAA(National Oceanic Atmospheric Administration) Satellite Operation Facility

지금, 지나치게 단순한 하나의 렌즈를 통하여 다양한 우리 사회를 보는 대신 현실에 저항하고 다양성 측면에서 요구되는 균일성을 주장해야 합니다. 그리고 항상 이러한 순환 안에 있던 것처럼, 피난처는 질서, 일관성과 안정, 유년기에 마지막으로 즐겼던 질적인 것의 환영에 대한 갈망, 즉 향수에 있습니다. 이것은 일시적입니다. 저는 위대한 문화적 팽창과 낙관의 시대에 살아왔습니다. 제가 도취감를 느꼈을 때는 전 세대가 목표를 위해 뒤돌아보지 않기로 결정한 시기였습니다. 이 파빌리온에서, 제 동료의 작품에서 좀 더 좋은 일에 대한 조짐과 기대하는 강렬한 낙관론을 봅니다. 항상 이런 식이 아닐까요? 우리 모두는 앞으로 나아갈 수 있고 자율권이 있으며 힐 수 있다고 우리를 상기시키는 것으로 예술가를 바라봅니다.

저는 질문에 참여하고 요구하는 건축을 추구하고 있습니다. 건축은 수동적이지도 장식적이지도 않습니다. 건축은 본질이며 우리에게 직접적으로, 심오한 영향을 줍니다. 건축은 일상의 삶의 질과 행위에 영향을 주는 잠재력을 가지고 있습니다. 건축가로서, 우리의 작업은 우리의 가치를 포함합니다. 우리는 사회계층의 문제로부터 도망칠 수 없습니다. 저는 초기에 작은 일로 시작했는데 그것은 우리의 예술적 기량을 조율하고 내적 미를 연마할 수 있도록 해 주었습니다. 초기의 관점에서 이러한 가치는 절대적입니다. 규모면에서 일이 커지면서, 그리고 문제의 넓은 범위를 직접적으로 다루게 되면서 지난 5년 동안 동반된 가치는 좀 더 명백해졌고 사회에 대한 공헌은 좀 더 중요해졌습니다.

프리츠커상은 우리의 삶을 조각하는 건축의 힘을 인정하며 그 수혜자뿐만 아니라 사회에 영향을 주는 모든 건축가에게 자율권을 부여하는데 도움을 주고 있습니다. 이런 식에서 보면, 프리츠커상은 영광 이상의 중요한 책임감을 동반합니다. 저는 이 상을 받기에는 너무 부족합니다. 엄청난 기쁨과 자부심, 깊은 책임감과 함께 이 상을 받습니다. 저는 제 일이 가치 있음을 인정받음에 영광스럽습니다. 그리고 제 이름은 제가 너무도 존경하는 분들과 함께 할 것입니다.

여러분께서는 이 상을 젊은 건축가로서 저에게 주셨습니다. 여기 제 미래의 노력으로 프리츠커상에 영예를 가져올 수 있도록 도전하겠습니다. 그것이 정확히 하고 싶은 일입니다. 감사합니다.

# Paulo Mendes da Rocha

## Pritzker Architecture Prize Laureate 2006

### PROFILE

| | |
|---|---|
| 1928 | 브라질 이스피리투 산투(Vitória, Espíito Santo)에서 출생 |
| 1935 | 가족과 함께 상파울로 이주 |
| 1954 | Universidade Presbiteriana Mackenzie College of Architecture 학사 |
| 1955 | 개인사무실 개설 |
| 1957 | 파울리스타누 체육클럽 스포츠센터 공모전 당선 |
| 1959 | 상파울로대학교 건축과 교수 임용(건축과 João Villanova Artigas 교수 초청) |
| 1969 | 브라질 군부독재로 상파울로대학교 건축과 교수 강제 사임 |
| | 일본 오사카에서 열린 국제박람회의 브라질 전시관 디자인 및 일본 여행 |
| 1971 | 퐁피두센터 공무전에서 최종 후보까지 진출 |
| 1980 | 사면으로 상파울로대학교 건축과 교수 복직 |
| 1998 | 상파울로대학교 건축과 교수 퇴임 |
| 2000 | Mies van der Rohe 상 수상(라틴아메리칸 건축) |
| 2006 | 프리츠커상 수상 |
| 현 재 | Metro Architetos Associados와 공동작업 |

## THOUGHT

**"I think everything superfluous is irritating. Everything that is not necessary becomes grotesque, especially in our time."**

1950년대 브라질 상파울로에서 "Paulist brutalist architecture"로 알려진 아방가르드운동에 참여하여 단순한 형태와 재료, 장식보다는 사람들과 사회에 대한 중요성을 강조하는 파울로 멘데스 다 로차는 "Brazilian Brutalism" 계열의 건축가로 불린다.

브라질 최초로 프리츠커상을 수상한 오스카 니마이어(1988년 수상)의 건축은 브라질의 지역성을 반영한 우아하고 품위 있는 조형성을 추구한 반면, 로차의 건축은 장식이 배제된 단순한 콘크리트와 철골조를 통하여 대담함boldness으로 표현되고 있다. 이러한 브루탈리즘적 성향은 Mies van der Rohe, 그리고 동료 브루탈리즘 건축가이며 교수였던 João Batista Vilanova Artigas의 영향이 컸다. 형태와 재료의 최소화뿐만 아니라 건축의 "사회적 책임"도 중요하게 주장하여 적은 비용과 빠른 시공도 강조한다.

1959년 상파울로대학교 건축과 교수로 있던 João Batista Villanova Artigas의 초청으로 교육에도 열정적이었으나 1969년 군부독재로 사임해야 하는 어려움을 겪기도 하였다. 하지만 1980년 복권 이후 1999년 퇴임 때끼지 상파울로대학뿐만 아니라 남아메리카와 유럽 등지에서 많은 강의를 하였으며, 브라질 건축가협회장 the Brazilian Institute for Architects을 역임하는 등 교육자와 브라질 건축계에도 많은 공헌을 하였다.

프리츠커상의 심사위원인 Martha Thorne의 심사평은 그의 건축을 잘 대변해주고 있다.

"모더니즘의 언어와 원리에서 영감을 받아 단순한 재료의 대담한 사용과 공간의 시적 이해를 통하여 각각의 프로젝트에서 새로운 영향력을 주고 있다. 그는 사회적·미적으로 사람들의 요구에 부합하기 위해 노력하며, 건축을 통해 풍경과 공간을 수정한다."

## MAJOR WORKS

| | |
|---|---|
| 1960 | Paulo Mendes da Rocha Residence, São Paulo, Brazil |
| 1961 | Gymnasium in the Paulistano Athletics Club, São Paulo, Brazil (1961 São Paulo Biennial Grand Prize) |
| 1964 | The Guaimbê Residential Building, São Paulo, Brazil |
| 1969 | Brazil's pavilion at Expo '70, Osaka, Japan |
| 1975 | Serra Dourada Stadium, Goiânia, Brazil |
| 1987 | Saint Peter Chapel, Campo do Jordão, São Paulo, Brazil |
| 1987 | Forma Furniture showroom, São Paulo, Brazil |
| 1992 | Brazilian Sculpture Museum, São Paulo, Brazil |
| 1992 | Patriarch Plaza and Viaduct do Cha, São Paulo, Brazil |
| 1995 | Residence for Mario Masetti, Cava Estate, Cabreuva |
| 1996 | Dom Pedro II Urban Bus Terminal, São Paulo, Brazil |
| 1997 | FIESP Cultural Center, São Paulo, Brazil |
| 1998 | Pinacoteca do Estado, São Paulo, Brazil (2000 Mies van der Rohe prize) |
| 2004 | Park School for Art and Science (Sabina Escola Parque Do Conhecimento) |
| 2007 | Master plan for Vigo University, Galicia, Spain |
| 2008 | Cais das Artes |

# Paulo Mendes da Rocha Residence

위치 : Butantã, São Paulo, Brazil
구조 : R.C조(prefabricated Concrete)
규모 : 지상 2층(1층은 필로티)
대지면적 : 760㎡
연 면 적 : 250㎡(16.6m×15.0m)
준공년도 : 1966년
개념 : "One of his objectives was to maximize the use of prefabricated and mass-produced reinforced concrete components."

브라질의 거대도시 상파울로의 소구역이며, Pinheiros River의 서쪽에 위치하고 있는 부탄타(상파울로대학 소재)의 자연과 조경으로 둘러싸인 작은 언덕에 세워진 로차 주택은 1층은 필로티로 띄워져 거대한 콘크리트가 중력에 저항하고 있는 듯하다.

로차는 자연상태의 지형을 그대로 두는 것에 더 큰 의미를 부여하고 가능하면 그 상태를 유지하기 위하여 대부분의 주택계획에서 1층의 지면을 띄워 필로티로 처리하고 있는데, 이 주택의 지형은 약간 경사진 언덕에 있어 인위적으로 차량 진입부를 낮추고 3면을 옹벽으로 처리하였다. 적은 비용과 경제성을 중요하게 생각하여 Prefabricate Concrete로 2층 슬래브와 지붕의 구조를 해결하고 있다.

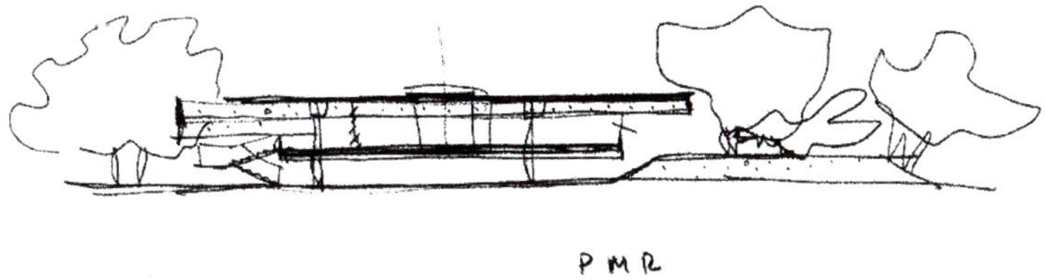

## 주변현황 및 위치

Pinheiros River의 서쪽에 위치하고 있다.

## 배치도

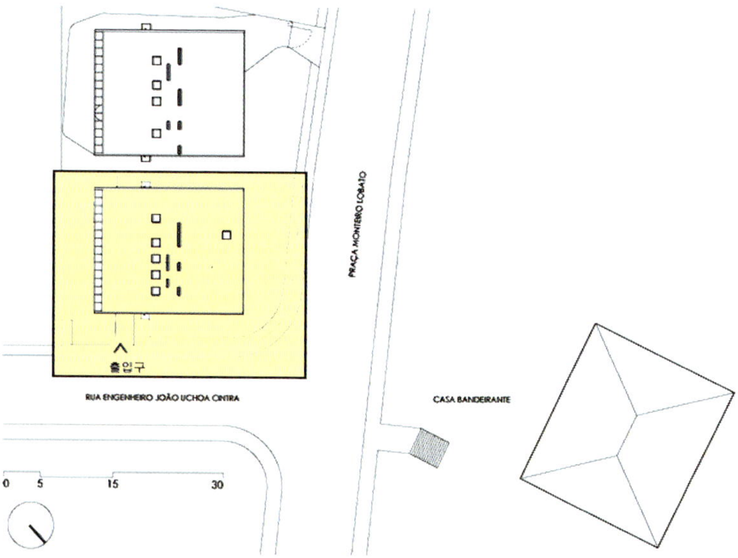


대지는 도로변보다 높아 사람과 차량은 램프를 통해 진입한다.

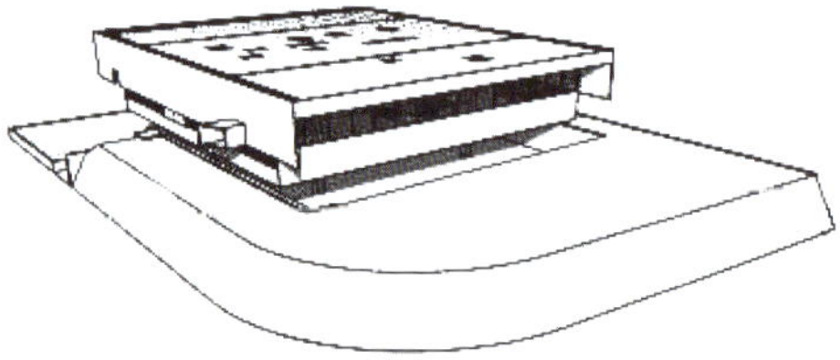

도로변 풍경

또한, 재료 자체의 물성을 그대로 보여주기 위해 거대한 콘크리트를 그대로 노출시키고 있어 대담한 동시에 남성적 이미지가 강하게 느껴진다. 구조를 좀 더 자세히 살펴보면, 먼저 4개의 기둥(35㎝×35㎝)에 2층 바닥을 지지할 큰 보(35㎝×45㎝, girder)가 2개 놓이고, 다시 106㎝ 간격의 작은 보(7㎝×45㎝, beam)가 놓여 바닥을 지지한다. 2층 상부의 지붕은 좀 더 큰 보(35㎝×53㎝)와 작은 보(15㎝×53㎝)가 골격을 형성하고, 지붕슬래브와 북서향의 햇빛을 차단하는 차양벽이 지붕으로부터 약 2.5m 정도 노출 콘크리트로 시공되어 로차의 브루탈리즘적인 성향을 잘 드러내고 있다.

평면구성을 보면, 1층은 필로티로 처리하여 주차장과 화장실, 다용도실(창고)로 계획되있고, 외벽보다 튀어나온 개방된 빅스텝 계단을 통해 2층으로 오르면 거실, 응접실, 침실, 서재, 부엌, 식사실, 화장실 등으로 구성된 주거공간이 있다. 미스가 언급한 자유로운 평면의 개념이 적용되어 내력벽은 거의 없으며 대부분은 가변형의 벽체로 공간을 분할하였다.

평면도

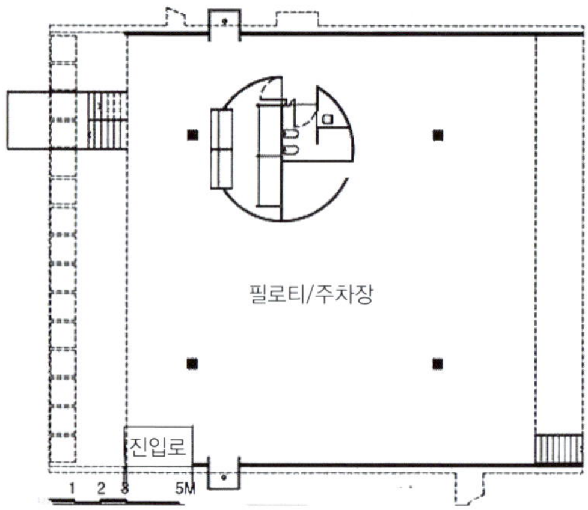


1층 평면도

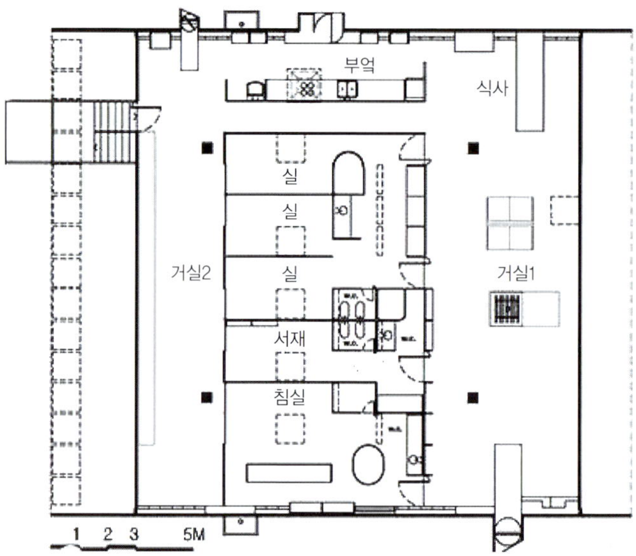


2층 평면도

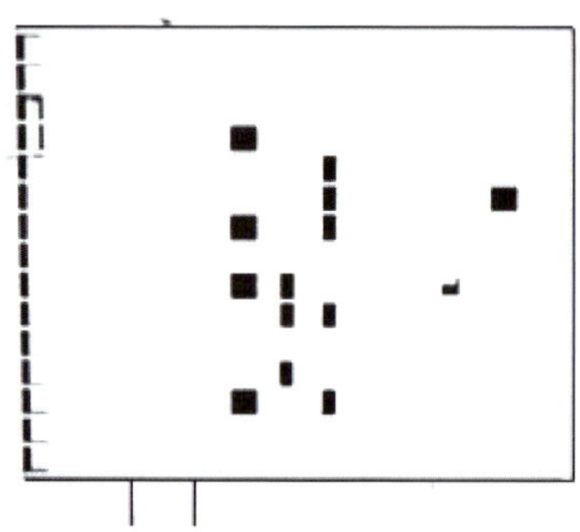

지붕층 평면도

입면도

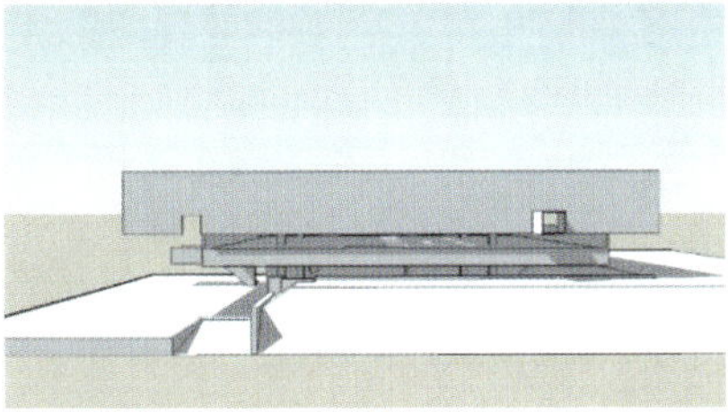

정면도

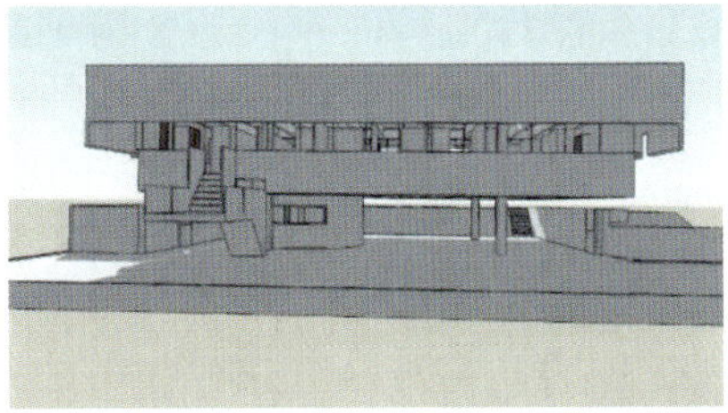

좌측면도

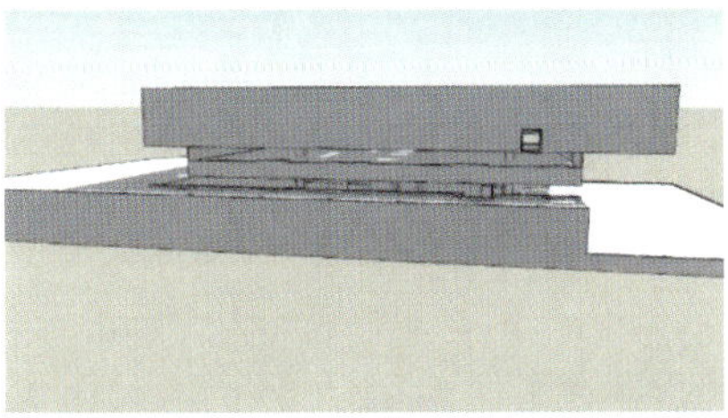

배면도

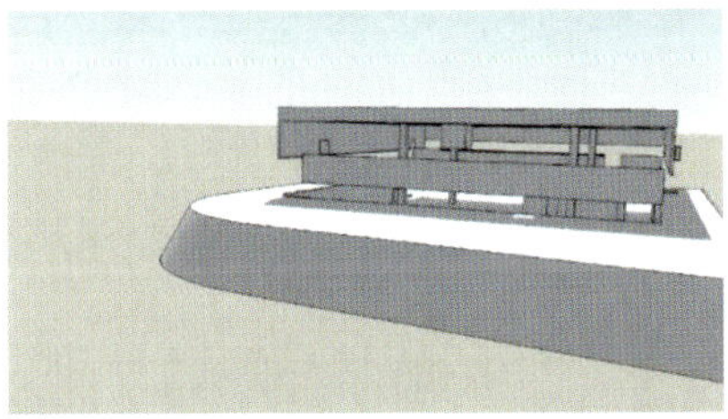

우측면도

2층의 가장 큰 특징은 대부분의 실들이 내부 가운데 있다 보니 최대한 빛을 끌어들이기 위해 각 실마다 천창과 창문이 없는 북동쪽과 남서쪽 측면에 lightbox를 설치하고 있다는 점과 거실과 반대쪽 벽면에 르 꼬르뷔제가 근대건축의 5원칙에서 제시했던 수평으로 긴 창이 설치되어 외부의 자연을 파노라마처럼 즐길 수 있다는 점이다. 이러한 천창과 수평으로 긴 창은 노출콘크리트 마감으로 인해 어두울 수 있는 공간에 활력을 주고 있다. 일반적으로 침실의 경우 대부분 외기에 면하는 반면, 로차의 주택은 중앙에 침실이나 서재 등을 두고 거실과 거실 반대쪽은 수평 창으로 뚫음으로써 주변의 자연이 주택에 좀 더 친근하게 다가온다.

또한, 바닥과 문, 슬라이딩 도어에 목재를 사용하여 따뜻한 느낌과 함께 노출콘크리트와 어우러져 장식이 배제된 공간의 깊이를 통해 감성을 자극한다.

진입도로 전경

자연과 대지 속에 파묻혀 있는 듯한 인상을 준다.

진입램프

진입램프를 통해 진입하면 1층은 필로티로 처리된 주차공간

2층 진입계단

2층 현관

주방과 실을 나눠주는 복도가 보인다.

2층의 공간구성

거실 1의 양방향 모습

거실 2의 조명 전

거실 2의 조명 후

## 단면도

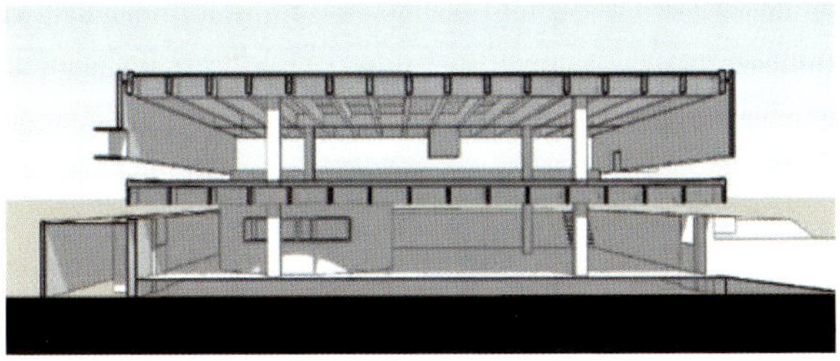

종단면도

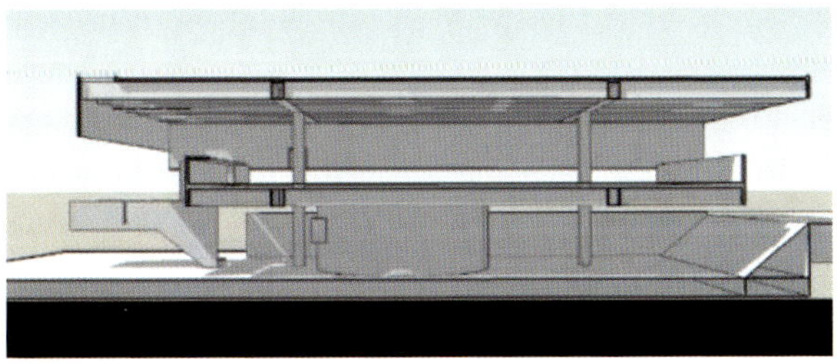

횡단면도

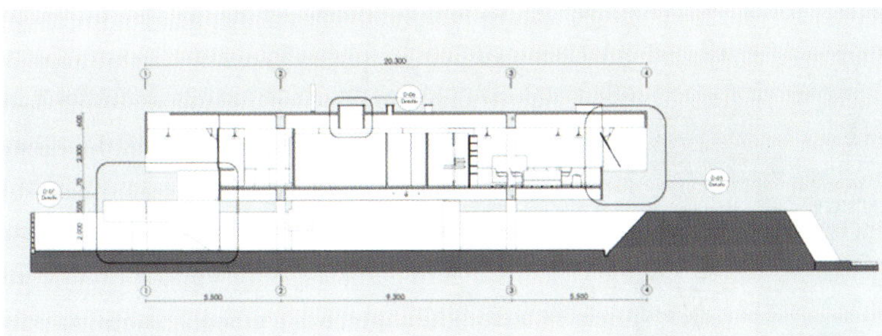

서재와 침실

소응접실

벽난로

식사실

주방

세면대 및 샤워실

거실 1에서 바라본 내부 벽체

가벽에 의한 각실 분리

화장실

Light Box

구조형성과정

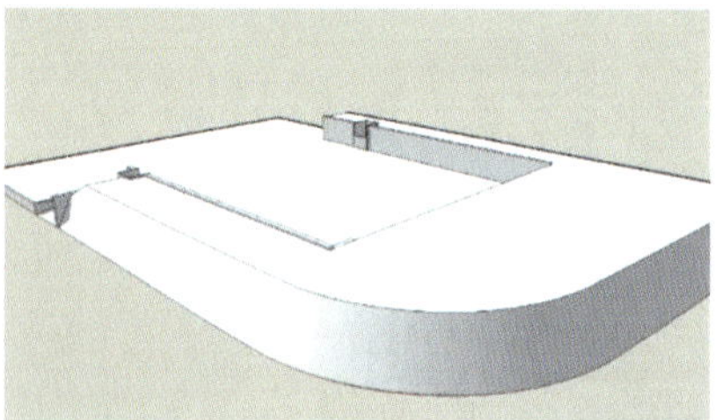

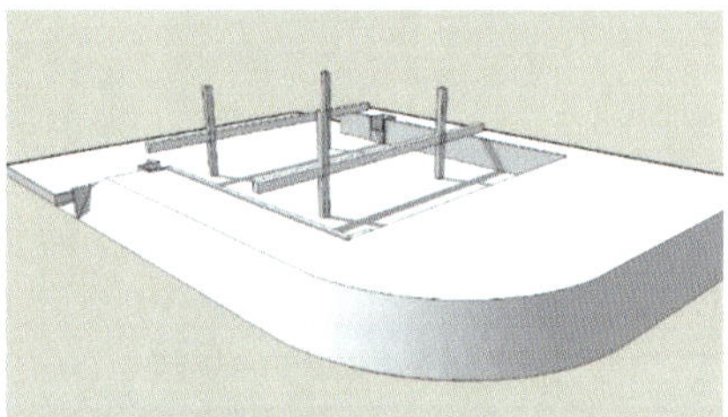

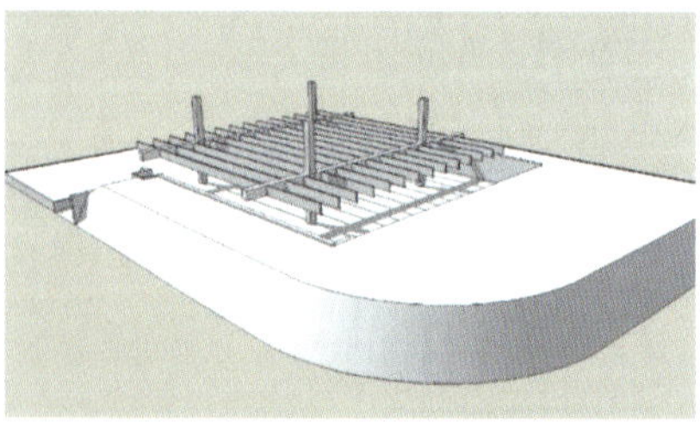

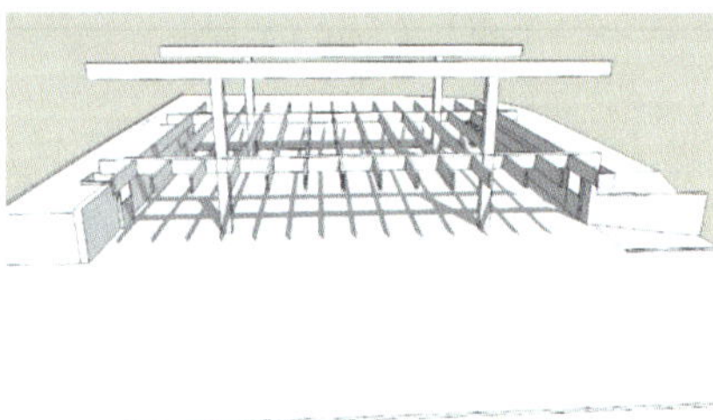

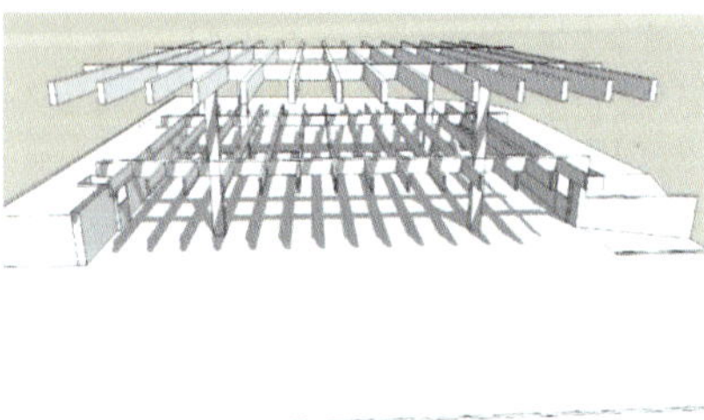

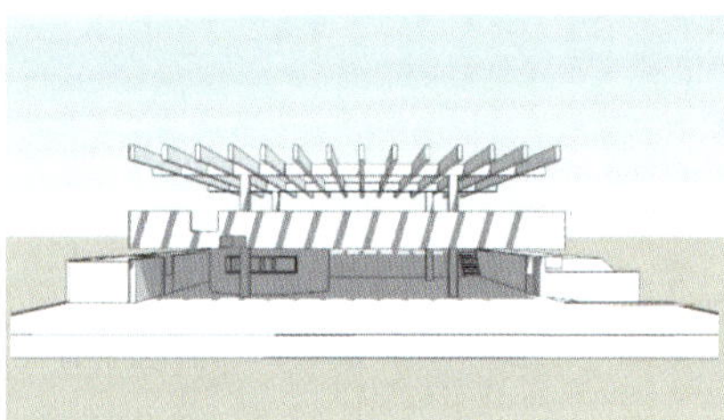

## ACCEPTANCE SPEECH

### Dolmabahçe Palace, Istanbul, Turkey

기품 있는 수상님과 시장님, Thomas & Cindy Pritzker, 프리츠커가와 재단, 친애하는 친구들이 이 감동스런 이벤트를 저와 함께 즐기고 계십니다. 저는 우선적으로 우리가 이 장소에 있다는 것이 경이롭다고 말하고 싶습니다. 프리츠커 재단이 예식을 위해 오랜 세월 풍부한 역사를 간직한 장소인 이곳을 선택한 것은 정말 훌륭합니다.

저는 이곳이 우리들 모두 안에, 특별히 우리 아메리칸에게 최고의 흥분을 불러일으킨다고 생각합니다. 우리가 원하는 것은 무엇인가요? 이곳의 사례 같은 아메리카와 장소를 만드는 것입니다. 분명, 역사와 맞서는 것은 불가능합니다. 정말 불가능합니다. 우리는 우리 아메리카를 세우기 위해 지키길 원했던 자유와 함께 이 경험을 이용하는 것은 가능합니다. 우리는 브라질과 라틴아메리카의 삼, 사백년의 역사에 대하여 이야기하고 있습니다. 하지만 이러한 역사를 인간의 경험과 비교해 본다면 아무것도 아닙니다.

따라서 건축에서의 논쟁은 어떻게 계속적으로 이러한 인간의 경험을 흡수하는가에 있습니다. 방법을 말할 때, 그것은 우리가 어떤 정책을 사용할 것인가와 그것이 정말 정치적 문제인가를 의미합니다.

Cais das Artes

Dom Pedro II Urban Bus Terminal

Saint Peter Chapel

Serra Dourada Stadium

이와 같은 예식, 상의 수여는 하나의 자극제입니다. 이것은 우리가 도시 공간에 관한 독립적인 정치와 정책을 개발할 수 있음을 확신하는 기초입니다. 우리는 우리가 가지고 있는 많은 역사, 많은 경험, 많은 지식을 상상할 수 없습니다. 또한, 결과적으로 도시는 완전히 엉망이 될 것과 피난처가 되지 못하는 것을 상상할 수 없습니다. 그러므로 대서양에서부터 태평양까지 아직 다리를 만들지 못한 아메리카를 함께 디자인하는 인류의 꿈을 실현할 수 있을 때, 우리는 건축의 주춧돌로서 평화를 요구할 것입니다. 이것이 우리를 움직이게 합니다. 프리츠커 재단에 의해 제시된 연합의 정신으로 일하는 것은 중요합니다. 이 불꽃이 항상 비추어져 건축이 미래의 인류 발전을 위한 지식의 특별하고 필수불가결한 길로써 보여지기를 희망합니다.

우리가 현대의 도시를 세움으로써 우리는 인류 최고의 갈망을 실현하고 있다고 믿습니다. 건축은 새로운 자극제를 가지고 있습니다. 건축은 공간을 변형하는 비전을 가지고 있습니다. 건축은 우리 행성에서, 디자인하고 자연의 장점을 이용함으로써 자연과 함께 일해야 합니다. 우리는 인간의 차원에 대한 인식을 가져야 합니다. 인간의 차원은 자연과 건축 부분이며, 자연과 관련하여 공간의 설정이 연결되어 있다는 것입니다. 이 점이 오늘밤 제가 여러분과 함께 나누고 싶은 것입니다.

Park School for Art and Science

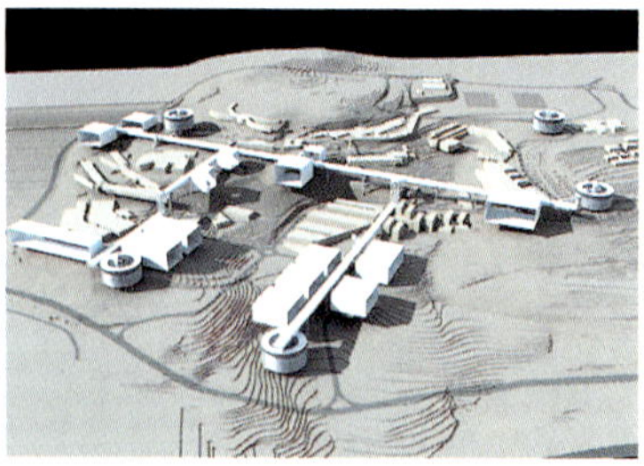

Master plan for Vigo University

Paulo Mendes da Rocha Residence

Brazil's pavilion at Expo '70

Forma Furniture showroom

Residence for Mario Masetti

Patriarch Plaza and Viaduct do Cha

Gymnasium in the Paulistano Athletics Club

FIESP Cultural Center

The Guaimbê Residential Building

Pinacoteca do Estado

Brazilian Sculpture Museum

# Richard Rogers

## Pritzker Architecture Prize Laureate 2007

### PROFILE

| | |
|---|---|
| 1933 | 이탈리아 피렌체에서 출생 |
| 1938 | 유럽의 전쟁 고조로 가족 모두 영국으로 귀국 |
| 1951 | 베니스 Hitch Hiking Trip(with friend) |
| 1959 | 영국 런던 AA스쿨 졸업(학교 프로젝트로 the Fifth Year Prize 수상) |
| 1960 | Susan(Su) Brumwell과 결혼 |
| 1962 | 예일대 건축대학원 석사(풀브라이트 장학생, Su는 도시계획공부) |
| 1963 | 리처드 & 수 로저스, 노만 & 웬디 포스터와 Team 4 설립 |
| 1967 | 리처드 & 수 로저스 설립 |
| 1970 | 피아노 & 로저스 설립(the Centre Pompidou 국제현상설계 당선) |
| 1977 | 리처드 로저스 파트너십(RRP) 설립<br>(현재 London, Barocelona, Madrid, Tokyo)/ Lloyd's of London 현상설계 당선 |
| 1981 | 영국 여왕으로부터 KNIGHT 작위 수여 |
| 1983 | AIA 명예회원, 예일대학교 이에로, 사리넨 기념강좌 교수 |
| 1985 | the Royal Gold Medal for Architecture 수상 |
| 1989 | 유럽인권재판소(the European Court of Human Rights) 현상설계 당선 |
| 1991 | 채널4본사 사옥 현상설계 당선 |
| 1993 | 로이터 데이터센터로 RIBA상 수상 |
| 1994 | University of Bath 명예박사 학위 |
| 1995 | 건축가로는 최초로 the BBC Reith Lectures(주제: Cities for a Small Planet) |
| 1996 | 영국 여왕으로부터 The Baron Rogers of Riverside 작위 수여 |
| 1997 | Cities for a Small Planet 출간 |
| 1998 | UK Government's Urban Task Force의 의장으로 임명 |
| 1999 | The Thomas Jefferson Memorial Foundation Medal 수상 |
| 2000 | the Praemium Imperiale 수상 |
| 2006 | 뉴욕 신 세계무역센터 3번 타워 건축가로 선정 |
| 2007 | 프리츠커상 수상 |

## THOUGHT

**"The idea, Ethos, is that we have a responsibility to society. That gives us a role as architects not just to the client but also to the passer-by and society as a whole."**

리들리 스콧 감독이 연출한 영화 '블레이드 러너(Blade Runner, 1982년)'의 시작은 2019년 최첨단의 미래도시를 상징하는 로스앤젤레스에서 시작하고 있는데 그 배경 건물로 리처드 로저스의 로이드 보험사가 등장하고 있다. 퐁피두센터에서는 프랑스의 전통적인 고전 이미지를 버리고 구조와 설비의 노출을 통한 하이테크적 건축과 시민광장을 과감히 삽입하여 사회적 소통을 강조한다.

일반적으로 로저스를 언급할 때, "celebrating the components of the structure"라 말하듯이 High-tech design을 뺀 로저스는 상상할 수 없다. 그는 발전하고 있는 과학과 기술을 바탕으로 구조적 · 기계적 이미지를 건물에 표현하고 있지만 기계미학에 대한 선호는 단순한 예술적 효과를 위함이 아니며 에너지 효율이나 지속 가능성 등 효율성과 생산성을 포함해야 한다고 강조한다.

리처드 로저스의 하이테크 건축의 특징은 '신축성', '기술', '첨단 재료', '역동성' 등에 의한 기계미학과 '투명함', '가벼움', '설비나 철골 등의 노출'을 통한 구조미학과 함께 기계적 움직임을 통한 생물적 이미지로 요약할 수 있다. 생물적 이미지는 '움직임'을 통해 극대화하며 엘리베이터, 계단, 설비 등을 통해 가시적으로 형상화된다. 하지만 이러한 움직임을 통한 역동성은 단순한 움직임을 의미하지 않고 더 확장되어 건물의 각 부분이 수명의 차이에 의해 교체되거나 필요에 의해 증 · 개축되어 전체적으로 건축이 변화 · 성장한다는 지속가능성 sustainability의 개념을 포함한다.

또 하나의 큰 특징은 기술에 앞서 윤리적 기반의 선행을 주장한다. 인간의 욕심에 의한 과학기술의 남용은 생태학적 재난의 돌이킬 수 없는 임계점에 다다랐다고 보고, 환경적 지속 가능성과 기후변화에 대처하는 건축의 사회적 · 윤리적 측면을 강조한다. 사회적 측면은 Public Space, 특히, 광장과 같은 Open Space의 계획 (예, 퐁피두센터)을 강조하며, 윤리적 측면은 친환경적 건축을 통한 에너지의 효율성과 지속 가능성을 강조한다.

건축가는 현재보다 에너지 효율이 최소 50% 높은 건물과 기반시설을 디자인함으로써 이러한 에너지 소비를 획기적으로 줄이게 할 수 있으며 그것을 실현하는 것은 결국 첨단화된 건축기술을 기반으로 한다고 본다. 그는 건축의 사회에 대한 윤리적 책임 Ethos을 다음과 같이 말하고 있다.

"궁극적으로, 건축은 사회에 대해 책임이 있습니다. 나는 도시를 좋아합니다. 도시는 '시민'과 불가분하게 맺어져 있기 때문입니다. 건축에서는 첫째도 사람, 둘째도 사람입니다. 건축의 형식은 건축이 섬기는 사회에서 나옵니다. 건축 형식이 사회를 빚는 것이 아닙니다."

## MAJOR WORKS

| | |
|---|---|
| 1965~1967 | Reliance Controls factory, Swindon, UK(1991년 철거)<br>('Financial Times' Industrial Architecture Award) |
| 1968 | Rogers House(The Grade II*-listed building), Wimbledon, London, UK |
| 1972~1973 | B&B Italia headquarters, Como, Italy |
| 1971~1977 | Pompidou Centre, Paris, France<br>(International Union of Architects August Perret Prize) |
| 1978~1984 | Lloyd's building, London, UK (the PA Award, the Supreme Award...) |
| 1990~1994 | Channel 4 Television Headquarters, London, UK |
| 1989~1995 | European Court of Human Rights building, Strasbourg, France |
| 1993~1999 | the Daimler Chrysler building, Berlin, Germany |
| 1996~1999 | Millennium Dome, Greenwich, UK |
| 1996~2000 | Designer retail outlet centre, Ashford, Kent, UK |
| 1999~2005 | Senedd (National Assembly for Wales), Cardiff, UK |
| 2002~2005 | Hesperia Tower, Barcelona, Spain |
| 1997~2006 | Madrid-Barajas Airport terminal 4, Madrid, Spain (Stirling Prize 2006) |
| 1989~2007 | Heathrow air traffic control tower, London, UK |
| 2001~2008 | Maggie's Centres, London, UK (World Architecture Festival 2009, StirlingPrize 2009) |
| 2007~2010 | One Hyde Park, London, UK |
| 2000~2011 | Las Arenas(remodeling of the bullring into a shopping mall), Barcelona |
| 2006~2013 | NEO Bankside, London, UK |
| 2003~2014 | The Leadenhall Building(Cheese Grater), London, UK |
| 2006~2014 | 3 World Trade Center, New York, USA |
| 2007~2016 | Parc One Tower, seoul, Korea |

# Rogers House

위치 : 22 Parkside, Wimbledon, London(London SW19)
구조 : Steel frame(가로 14m×세로 15.4m)
규모 : 지상 1층
대지면적 : 1,250m²
연 면 적 : 298.1m²(도예작업실: 84.9m²/ 주택: 172.2m²/ studio: 41.0m²)
준공년도 : 1968년
개념 : "the open-plan kitchen is the heart of the house where family and friends could gather"

리처드 로저스가 이 집을 '내가 관여한 가장 아름다운 작은 프로젝트', '변형과 확장이 가능한 투명하고 탄력적인 튜브'라 언급한 이 주택은 은퇴를 앞둔 의사였던 아버지 Nino Rogers와 도예가였던 어머니 Dada Rogers를 위해 설계되었다. 부모님은 단층의 작고 가변적인 주택을 통해 아버지는 집에서 의료행위를 계속하시고 어머니는 작은 도예작업실을 갖기를 희망하셨다. 또한 경제적으로 볼 때, 빨리 시공되고 낮은 유지관리비가 드는 주택을 계획해야 했으며 특히, 어머니는 기존 주변의 빌라와 다른 형태의 주택을 원하셨다.

리처드 & 수 로저스는 1967년 Wimbledon Common 근처에서 대나무와 울타리로 숨겨진 보석 같은 땅을 발견하고 가변적인 구조와 오픈 플랜을 기본 개념으로 계획하였다.

주변현황

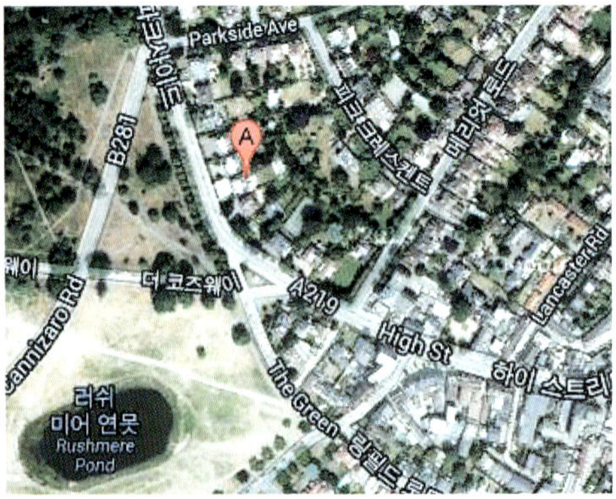

도로변에서는 주차장만이 보인다.

입구에는 방어적인 뜰과 함께 도예작업실과 게스트하우스(14m×7.8m)를 격자 위에 배열하고 다시 뒤편으로 주 정원을 배치하였다. 주거공간은 정면 현관 14m×측면 15.4m(3.85m×4)의 조립식 철골구조를 기본으로 정면과 배면은 이중유리로, 측면은 단열처리된 샌드위치 패널(알루미늄 피막을 씌운 폼 플라스틱)로 마감하였다.

강한 컬러를 사랑했던 어머니의 영향으로 철골 프레임은 진노랑으로 내부는 노랑과 녹색, 빨강색이 주로 사용되었다.

배치도

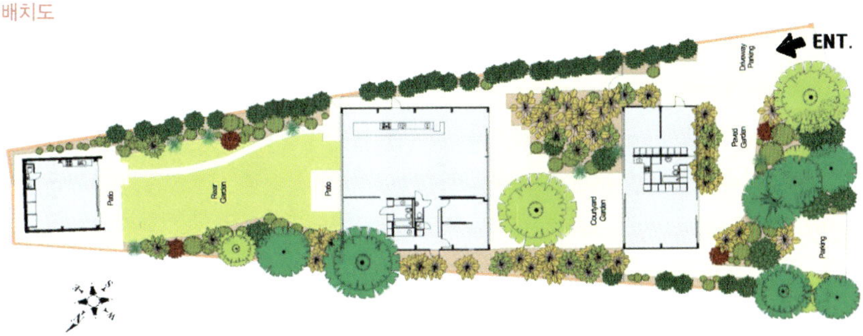


대지는 약 79m로 매우 긴 형태로 건물은 3개의 Garden에 쌓여 있다.

평면도

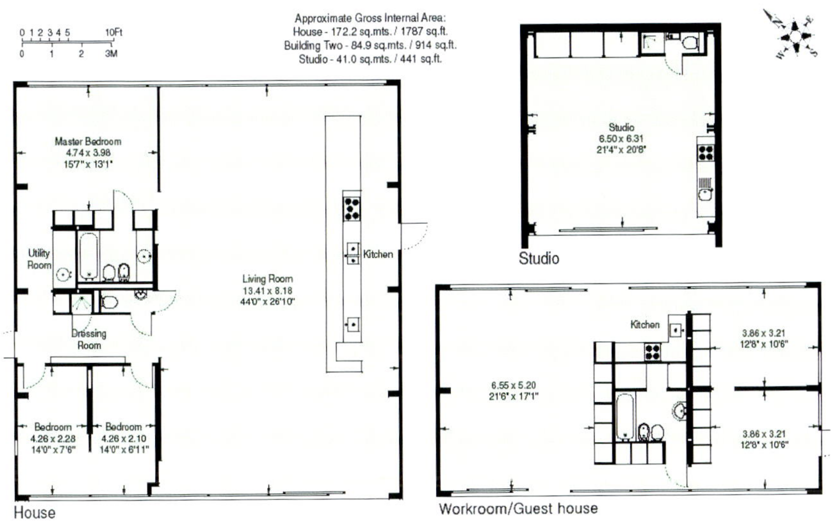


이러한 색채감각은 퐁피두센터의 강한 색채를 전조하는 듯하다. 또한, 시야를 방해하지 않는 아일랜드식 부엌, 슬라이드 벽 등을 통해 개방성과 가변성을 증대시키고자 하였다. 의자, 대리석과 목재, 식사용 테이블과 식탁의자, 램프, 화장대 등은 사촌인 건축가 Ernesto Rogers에 의해 디자인되었다.

정면 및 배면

정면에는 Courtyard Garden, 배면에는 Rear Garden이 Dada Rogers에 의해 디자인되었다.

소파와 식탁에서 반대로 바라본 거실의 모습

주 침실은 가구로 벽체를 대신하고 있어 가변적이며 거실이 연장되어 개방감을 높인다.

주방은 아일랜드식으로 벽체를 낮춰 시선은 거실로 연장된다.

2개의 침실도 가변형 칸막이로 변형이 가능하다.

정면과 배면의 투명한 유리처리는 미스의 판스워즈주택이나 필립 존슨의 글라스하우스처럼 아름다운 정원과 안뜰의 자연을 내부로 끌어들여 시각적 즐거움을 고조시킨다.

좀 더 자세히 주거공간의 평면구성을 살펴보면, 주침실과 2개의 작은 침실, 거실, 부엌과 식사실, 욕실과 다용도실로 구성되어 있지만 주침실과 부엌의 경우, 높지 않은 가구가 벽체를 대신하고 있고 측면 벽은 유리벽으로 처리되어 개방적인 공간감을 느끼게 한다. 어머니 다다 로저스는 뛰어난 정원사로 정원과 안뜰을 직접 디자인하였고 아들 부부와 함께 색채작업을 진행하였다.

로저스의 컬러감각은 어머니 다다 로저스의 영향을 많이 받은 듯하다. 뒤편 정원에 배치된 스튜디오는 후에 로저스의 아들 Ab Rogers가 디자인한 화장실과 작은 주방이 포함된 건물로 6.5m×6.3m의 철골조로 주거공간과는 달리 철골모서리를 둥글게 모따기 trimming한 후 녹색을 칠하고 그 상부의 외피는 흰색으로 처리하였다.

출입문 손잡이

화장실

부엌 뒷문

이 주택은 로저스가 현대적 감각으로 퐁피두센터를 설계할 수 있도록 고무시켜준 작품이라는 점에서 더욱 의미 있다. 실제로 로저스도 이 집에 대해 다음과 같이 말하고 있다. "이 집은 철골구조로 고단열처리되었으며, 투명하고, 욕실은 매우 콤팩트하며 모든 파티션들은 이동이 가능합니다. 규모가 천 배 정도 차이가 날 뿐, 이 주택과 퐁피두가 연장선상에 있음을 알 것입니다."

현재, 이 주택은 건물로는 드물게 영국의 2등급 문화유산 London SW19으로 지정되었으며 로저스의 부모님이 사용하시다 아들인 Ab Rogers와 그 가족이 사용하고 있다.

작업실 내부와 주택에서 보이는 작업실

Studio의 전경과 내부

## ACCEPTANCE SPEECH

### The Banqueting House, London, England

좋은 밤입니다. 프리츠커상을 받게 되어 너무 기쁘고 영광스럽습니다. 상을 받으면서 이 상이 저 혼자만을 위한 것이 아니며 수년 동안 저와 함께 일하고 영감을 주었던 디자이너 공동체를 위한 것임을 꼭 말해야 할 것 같습니다. 친애하는 Ken Livingstone, Palumbo 경과 Tom Pritzker께 감사하며, Cindy Pritzker와 그녀의 가족에도 건축과 예술에의 위대한 공헌에 감사드립니다.

영국의 르네상스를 첫 번째로 꽃피우고 당시 실로 혁명적인 건물로 기록되는 Inigo Jones의 Banqueting Hall에서 가족과 친구들에 둘러싸여 이 상을 받는 것은 저에게 깊은 감동을 주고 있습니다. Inigo Jones의 건축은 이탈리아 플로렌스의 방문을 통해 영감을 얻었습니다. 저 또한 플로렌스에 빚을 졌는데 그곳은 저의 출생지이며 Donatello, Masaccio, Brunelleschi가 부활하고 고전 전통이 재발견되는 곳입니다.

Maggie's Centres

플로렌스는 우리에게 여전히 영감을 주는 도시의 표준을 제시합니다. 그곳에서 저의 부모님은 제 동생 피터와 저에게 미에 대한 사랑, 질서의 감각, 시민 책임의 중요성을 불어넣어 주셨습니다. 도시는 우리 문화의 심장부이며, 경제의 엔진이고, 우리 문명의 발생지입니다. 아름다운 도시에서 길을 잃어버리는 것보다, 좁은 통로에서 넓은 가로수길까지 따라가는 것보다, 길거리 공연을 지나 비틀거리며 걷는 것보다, 지나가는 사람들을 보면서 Ruthie와 함께 앉아 있는 것보다 저를 더 행복하게 만드는 것은 거의 없습니다. 이것이 천국에 대한 제 생각입니다. 하지만 도시는 단지 우연히 생겨난 것이 아니며 만들어진 것입니다. 도시는 잘 디자인되고 관리됨으로써 문명화되었습니다. 방치된 도시는 그 생명력을 빨리 잃어버립니다.

또한 황폐한 도시는 야수처럼 됩니다. 부자들과 전문가들이 떠나가고 가난한 사람들만이 남아서 버려진 전 세계의 도시에 이웃이 있습니다. 그들은 황량하고 두려운 공간에서 선택의 여지가 없는 사람들입니다. 우리의 현 정부는 우선적으로 사람들이 제멋대로 교외와 시골로 흩어지기 보다는 도시로 돌아올 수 있도록 독려했습니다.

Heathrow air traffic control tower

thc Daimler Chrysler building

Lloyd's building

Hesperia Tower

John Prescott의 강력한 지도력과 제가 회장이었던 도시대책위원회의 창조성은 도시 르네상스를 시작할 수 있도록 도왔습니다.

저는 런던의 시민인 것이 자랑스럽습니다. 우리의 훌륭한 공원들과 아름다운 템즈강은 경외스러우며 런던의 휴먼스케일, the South Bank의 생명력과 제 집에서 매일 아침 Wren's 왕립병원을 보는 것은 기쁩니다. 용기와 비전에 찬 Ken Livingstone시장님 지휘아래 런던은 인구 증가와 경제적인 성공, 그리고 진보적인 세계관을 가지게 되었습니다. 저에게 있어, 도시가 지금보다 더 흥미진진한 때는 없었습니다.

런던은 우리 아이들이 특별한 어른들로 자라는 것을 바라본 곳이기도 합니다. 아이들 부부 Bo, Ben, Harriet, Zad, Lucy, Ab, Sophie, Roo, 그리고 Bernie는 저의 자랑이며 기쁨입니다. 여러분들은 런던의 인구 증가에 기여한 저를 볼 수 있습니다! 그들 모두는 시민으로서 그들의 역할을 하고 있습니다. 지금, 지역학교를 다니고 런던의 공원에서 노는 사람들은 그들의 아이들입니다.

B&B Italia headquarters
Rogers House

Reliance Controls factory
Madrid-Barajas Airport terminal 4

One Hyde Park

3 World Trade Center

Parc One Tower

Milan Kundera는 "역사는 오직 뒤늦게야 햇살과 확실, 그리고 분명함을 볼 수 있습니다."라고 말했습니다. 저를 포함한 어떤 직업에도 똑같이 말할 수 있습니다. 뒤돌아보면, 함께 일한 것은 단지 건축가가 아니라 사람들이었다는 것을 깨닫습니다. 하지만 의뢰인을 깨우치기도 하셨으며 훌륭한 기술자이기도 하셨던 돌아가신 Peter Rice로부터 가장 많은 가르침을 받기도 하였습니다.

1961년 예일대에서 만난 첫날 이후로, Norman Foster는 영감을 가진 친한 친구입니다. 우리는 위스콘신의 프랭크 로이드 라이트로부터 캘리포니아의 the Case Study House까지 모든 것에 흥미로워하며 미국 횡단 여행을 하였습니다. 노먼의 지적 엄격함에 의해 부채질되어 우리는 보는 모든 것에 대하여 제 이력을 통해 발달된 건축언어를 형상화하면서 열정적으로 토론하였습니다. 팀4의 작업에서, 노먼 포스터와 웬디 포스터의 실무에서 그러한 언어를 볼 수 있습니다. 수 로저스와 저는 예일대에서 돌아와서 사무실을 열었고, 후에 John Young과 Laurie Abbott와 함께 파트너십으로 일했습니다.

우리의 건축은 사회변화와 신기술의 흥분에서 태어났는데 그렇게 고안된 건물들은 구조의 가독성과 사용의 유연성이 있었습니다. 기술이 발전함에 따라 우리는 좀 더 크고 복잡한 규모에 이러한 형태를 실현하는 가능성을 열었습니다. 하지만 근본적인 것은 변함없이 남아 있었습니다. 내 생애와 일에 있어 그러한 근본적인 것 중의 하나는 John Young에게 있습니다. 우리는 모든 작업을 함께 했습니다. 구축과정에 대한 그의 사랑과 이해, 재료의 품질, 디자인의 아름다움에 있어 그는 특별했습니다.

The Leadenhall Building

Las Arenas

1971년 렌조 피아노와 함께 작업한 퐁피두센터는 저에게 행운을 주었습니다. 렌조는 저보다 동생이지만 끊임없는 영감의 원천이며, 재미있는 동반자입니다. 한 주도 생각의 변화없이 지나가는 날이 거의 없었습니다. 건축의 세계에서, 그는 진정한 시인입니다. 퐁피두센터는 우리의 첫 번째로 중대한 일이었습니다. 아마도 우리가 설계에 참여하는 것이 거의 정지된 것은 잘 모를 것입니다. 60년대 후반의 정치적 소요에 자극되어, 저는 대통령에 의해 부여된 문화센터처럼 엘리트로서 우리는 어떤 일에도 관여하지 말아야 한다고 주장하는 메모를 썼습니다. 다행스럽게도 저는 부결되어 참여하였습니다. 이런 규모의 현상설계에서 당선된 우리의 흥분을 상상할 수 있을 것입니다.

이 젊은 팀을 신뢰해 준 것은 프랑스 정부였습니다. 그리고 도시의 한 부분을 리모델링하도록 해주었으며 큰 광장에서부터 스틸 프레임으로 개방된 정면을 타고 올라간 에스컬레이터까지 디자인할 수 있도록 해 주었습니다. 우리 제안서의 첫 번째 문장은 여전히 정확하게 묘사할 수 있는데 어떻게 그 프로젝트를 접근할 것인가에 있었습니다.

NEO Bankside

Pompidou Centre

Millennium Dome

Designer retail outlet centre

"British Museum과 Times Square 사이를 가로질러 모든 사람들, 모든 연령, 모든 신조를 위한 장소."(as a place for all people, all ages, and all creeds-a cross between the British Museum and Times Square)

그 건물은 시작부터 강한 감성을 불러일으켰습니다. 막 문을 연 어느 비오는 날, 저는 자랑스럽게 외부에 서 있었고 한 우아한 파리의 여인이 제 뒤에 서 있었던 일이 기억납니다. 그녀는 그녀의 우산 아래로 오라고 했고 그 건물에 대해 제가 생각하는 것은 무엇인지 물었습니다. 저는 자랑스럽게 그 건물의 건축가라고 말했습니다. 그녀는 잠시 저를 보더니 그녀의 우산으로 제 머리를 때렸습니다. 만약 퐁피두가 커다란 광장에 서 있는 화려한 색채의 재미있는 궁전이었다면, 런던의 로이드사는 도시의 중세 거리패턴에 끼워넣은 개인클럽이었습니다. 로이드사의 수직 서비스 타워들은 건물의 덩어리를 분해하고 있습니다. 그것은 리처드 로저스 파트너십의 첫 번째 큰 프로젝트였고, John Young의 천재성이 발휘된 작품이었습니다.

초기 두 프로젝트가 아무리 다르다 해도 공통된 의도가 있습니다. 거리에 건물을 개방하는 것과 내부에서 일하는 사람들과 동일하게 행인에게도 기쁨을 주는 것을 창조하는 것입니다. 30년 후, 마드리드의 Barajas공항은 퐁피두의 정신이 계승되었습니다.

Channel 4 Television HQ

Senedd (National Assembly for Wales)

여행의 즐거움과 모험은 압도적인 지붕, 스틸 구조체, 그리고 무지개 색으로 표현되었습니다. 1976년 리처드 로저스 파트너십을 John Young, Marco Goldschmeid, Mike Davies와 함께 시작했을 때, 우리의 가치를 반영하는 장소와 공동체가 되도록 계획하기를 원했습니다. 실무는 공익신탁에 의해 소유되었습니다. 파트너들은 자기자본을 소유하지 않았고 다양한 최저 임금의 건축가를 얻었습니다. 이익은 모든 직원들과 나누었으며 그들이 선택하는 자선에 따라 기부되었습니다.

제 파트너 Mike Davies, Graham Stirk, Ivan Harbour, Andrew Morris, 그리고 Lennart Grut의 꿈은 최근 우리의 디자인에서 구체화되었습니다. Amo Kalsi, Richard Paul, Mark Darbon, Ian Birtles는 함께 미래에 좀 더 중요한 역할을 할 것입니다. 여전히 언급해야 할 최고의 친구가 있습니다. Ruthie와 저는 모든 일을 함께 했으며 우리의 삶은 전적으로 뒤얽혀 있습니다. 우리는 일을 공유했습니다. 우리 사무실 옆에는 the Rive Cafe가 있는데 저는 매일 그곳에서 식사를 합니다. 그녀 없이 결정하는 것은 있을 수 없습니다.(사실 이것은 제 연설의 단지 한 부분이며 그녀는 저를 돕지 않았습니다.) 그녀는 영리하며, 아름답고, 간단히 말해 제 생의 연인입니다. 저는 항상 인도적이며 진보적인 건축은 기능으로부터 미를 창조하는 것이라고 믿어 왔습니다. 그 자체의 아름다움 때문이 아니라 아름다운 건물과 공용공간은 개인뿐만 아니라 시민으로서 그들의 잠재력을 성취하도록 돕기 때문입니다. 건축가는 정치에 무관심할 수 없습니다. 우리는 일해야 하는 의무가 있습니다.

오늘 새로운 건축적 강제가 있습니다. 도시환경을 보완하는 것뿐만 아니라 지구 환경을 존중하는 것입니다. 미래를 걱정하는 건축가나 어느 누구도 기후변화의 영향과 빈부의 넓혀진 격차를 무시할 수 없습니다. 두 가시 나 이미 손상된 세계를 불안정하게 만들며 Durfur에서부터 Iraq까지 분쟁을 일으키며 인간의 잠재력을 낭비하고 인간의 삶을 비극적으로 멸망시킵니다. 우리는 무엇을 해야 하는지 알고 있으며, 그 도구를 찾고 있습니다.

우리는 새로운 르네상스를 창조할 수 있습니다. 그 곳에서 시민과 환경의 책임감이 합쳐지고 계획가들과 건축가들의 일안에서 구체화됩니다. 이것은 Rogers Stirk Harbour and Partners로써 새로운 장을 시작하면서 제 실무에서 직면하고 있는 도전입니다. 저는 미래의 전망에 흥분되며 오늘밤 저에게 수여된 이 영광에 겸허해집니다.

# Jean Nouvel

## Pritzker Architecture Prize Laureate 2008

### PROFILE

| | |
|---|---|
| 1945 | 프랑스 남서부 Lot-et-Garonne, Fumel에서 출생 |
| 1966 | 국립고등예술학교(École nationale supéieure des Beaux-Arts) 수석입학 |
| 1967~1970 | Claude Parent & Paul Virilio의 assistant |
| 1970~1972 | Francois Seigneur과 공동작업 |
| 1971 | Site naturelle creation architectural 공모전 당선 |
| 1972 | École des Beaux-Arts 졸업 및 프랑스공인건축사 D.P.L.G 취득 |
| 1972~1981 | Gilbert Lezenes & Francois Seigneur과 공동작업 |
| 1975 | 개인사무실 개설 |
| 1976 | 프랑스 건축운동 '1976 3' 공동창립자 |
| 1977 | 건축조합 공동 창립자 및 파리 레알지구를 위한 국제설계경기 운영위원회 활동 |
| 1980 | 1980 파리 비엔날레 일환으로서의 건축 비엔날레 예술 부문 계획 및 책임자 |
| 1981~1984 | Gilbert Lezenes & Pierre Soria와 공동작업 |
| 1981 | 아랍문화원(the Arab World Institute) 국제현상설계 당선 |
| 1983 | 부에노스아이레스대학교 명예박사 학위 취득, '건축 아카데미' 은상 수상 |
| 1984~1989 | Jean Nouvel et Associes 설립 |
| 1987 | 프랑스 건축 그랑프리상, 은삼각자상(아랍문화원) 수상 |
| 1989~1994 | JNEC(Jean Nouvel et Emmaneul Cattani) 설립 |
| 1989 | 아가 칸상(Aga khan Award) 아랍문화원으로 수상 |
| 1990 | 건축 레코드상(셍 제임스호텔) 수상 |
| 1993 | AIA 시카고(미국건축연구소) 명예회원, 은삼각자상(리옹 오페라) 수상 |
| 1994 | Ateliers Jean Nouvel 설립(with Michel Pélissié) |
| 1995 | 영국 왕립건축학회(RIBA) 명예회원 |
| 2008 | 프리츠커상 수상 |

## THOUGHT

**"Each new situation requires a new architecture. My interest has always been in an architecture which reflects the modernity of our epoch as opposed to the rethinking of historical references."**

프리츠커 심사위원들이 장 누벨의 선정 이유로 '새로운 아이디어를 추구하는 용기와 건축 분야의 경계를 확장하기 위한 승인된 규범에 도전하는 건축가' 라고 언급했듯이 장 누벨은 건축을 자치적 규칙 autonomous discipline이 아닌 문화와 시간의 가능성이 긴밀하게 연관된 활동으로 간주하여 매 프로젝트에서 결코 반복하거나 재생산하지 않고 새로운 변형을 모색하려고 시도한다. 모더니즘과 포스트모더니즘의 역사적 참조를 거부하며 심지어는 단절시키려 한다. 또한 하이테크 건축가로서 불리어지는 것도 거부한다.

건축의 영원성 eternity보다는 일시적 instant이며 깨지기 쉬운 fragile 것에 집중하며 공간의 특질보다는 건축의 표피를 더 중요시한다. 인터페이스인 표피를 통해 이 시대를 대변하는 현대의 기술(속도, 전자기술을 통한 이미지, 빛의 흐름과 진동, 시간)을 극대화한다.

"저는 이제 공간적 특질은 더 이상 그것이 예전처럼 중요하지 않다고 생각합니다. 건축의 본질이 공간을 다루는 것이라고 해도 재료, 질감으로부터 오는 특성 또는 표피의 중요성 등이 점점 더 중요한 것이 되어가고 있습니다. 오브제들 간의 긴장이 표피들, 즉 인터페이스로 옮겨지게 된 것입니다. 공간들 사이의 표피가 이와 같이 서로 다른 종류의 공간 사이에서 발생하는 긴장으로부터 영향을 받게 됩니다. 그렇기 때문에 표피가 강도 높은 건축적 문제의 집결지가 되는 것입니다." El Croquis

유리는 순간적이며 비물질적인 특성을 내포하고 있어 그가 가장 선호하는 재료라 할 수 있다. 유리는 빛을 통과시키는 동시에 반사하는 모호한 이중성을 갖는데 이를 통하여 신체와 감각 사이의 경계를 모호하게 넘나들면서 감성을 자극한다. 또한 장 누벨 건축의 중요한 특징인 투명성 transparency, 모호성 ambiguity, 에너지 energy을 표현하는 데 있어 유리는 새로운 가능성을 보여주는 뛰어난 재료라고 생각한다.

그의 작업에 있어 인터페이스를 구축하는 재료와 함께 중요한 요소는 빛이라 할 수 있다. 빛을 통해 이미지를 반사, 상징화, 환영 illusion을 연출하고 가상의 이미지 virtual image, computer-assisted imagination을 통해 모호함을 극대화함으로써 물성을 약화시킨다. 또 하나의 큰 특징은 지역의 장소성 context과 특수성을 중요시한다는 점이다. 그 지역의 문화와 자연, 인간과 건축의 조화 등을 세심한 분석과 디테일을 통해 반영함으로써 또 다른 감성을 자극한다.

과거의 건축보다는 현재의 건축과 기술, 재료를 통해 새로움과 과감함의 실험정신을 두려워하지 않고 일정한 스타일을 거부하는 장 누벨은 공간의 기하학보다는 장소의 특수성(지역성)을 분석하면서 재료, 빛, 인터페이스로써의 외피, 기술을 통해 늘 혁신을 추구하고자 한다.

"Light, shadow, and transparency are the best elements in my architecture. My work deals with what is happening now-our techniques and materials, what we are capable of doing today."

## MAJOR WORKS

| | |
|---|---|
| 1985~1987 | Nemausus(114 apartments), Nîmes, France |
| 1981~1987 | The Arab World Institute, Paris, France(the Aga Khan Award) |
| 1986~1993 | Opera House, Lyon, France |
| 1991~1994 | Cartier Foundation for Contemporary Art, Paris, France |
| 1991~1995 | Euralille(Triangle des Gares), Lille, France |
| 1995~2000 | Cultural and Convention Center, Lucerne, Switzerland |
| 1993~2000 | Law Courts(Palais de Justice de Nantes), Nantes, France |
| 1994~2001 | Golden Angel, Prague, Czech Republic |
| 1999~2002 | Monolith of Expo 02, Murten, Switzerland |
| 1999~2004 | Agbar Tower, Barcelona, Spain |
| 2002~2004 | Leeum(Museum Two, Samsung Museum of Art), Seoul, Korea |
| 2001~2005 | Reina Sofía Museum expansion, Madrid, Spain |
| 1999~2006 | Quai Branly Museum(MQB), Paris, France |
| 2001~2006 | Guthrie Theater, Minneapolis, MN, USA |
| 2001~2009 | Copenhagen Concert Hall, Copenhagen, Denmark |
| 2009~2010 | Serpentine Gallery temporary pavilion, London |
| 2003~2010 | One New Change, London, UK |
| 2008~2011 | Interior of Galleria Foret, Seoul, Korea |
| 2004~2012 | Doha Tower, Doha, Qatar |
| 2010~2014 | Qatar National Museum, Doha, Qatar |
| 2007~2015 | Louvre Abu Dhabi, Saadiyat Island, Abu Dhabi, UAE |

ANALYSIS

# The Arab World Institute

위치 : 1 rue des Fosses-Saint-Bernard  Place Mohammed-V, 75005 Paris, France
구조 : 철골조(metal structure, curtain wall)
규모 : 지하 2층 (북측: 9층, 남측: 11층)
대지면적 : 16,912㎡
연 면 적 : 25,263㎡
준공년도 : 1987년
개념 : "the Institute is a hinge between two cultures and two histories. At the Arab World Institute I also began to consider the question of light"

북쪽으로는 생 루이 Saint Louis섬과 노틀담성당 Notre-Dame de Paris 옆을 흐르는 센강 Seine River을 마주보고 파리 6대학의 Jussieu Campus의 모퉁이에 위치하고 있는 아랍문화원은 프랑스정부와 19개 아랍국가들 사이의 협력을 바탕으로 적대적 역사관계를 청산하고 우호증진과 협력, 아랍문화의 이해를 목적으로 프랑수아 미테랑 전 대통령이 추진했던 '그랑 프로제 Grand Projet' 의 하나로 장 누벨의 건축을 대표하고 그를 세상에 알린 걸작이다.

장 누벨은 이 건물을 디자인하기 위해 아랍의 전통문양에 대한 많은 연구를 하였으며, 현대적인 유리건물에 아랍의 전통문양인 기하학적 아라베스크문양을 기계미학으로 재해석하였다. 빛에 민감하게 반응하는 광학적 기계장치High-tech photosensitive mechanical devices인 2만 7,000개의 조리개판diaphragm과 가로 24개, 세로 10개의 강철 유닛의 그릴은 일사량에 따라 크기와 모양이 변형되도록 함으로써 형태와 공간의 변화를 유도하고 있다.

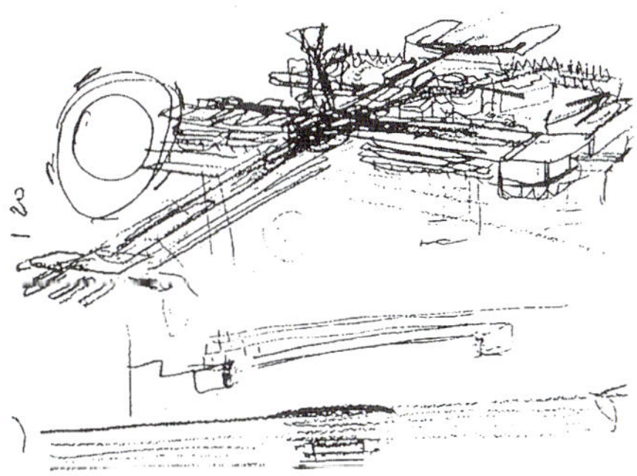

주변 현황

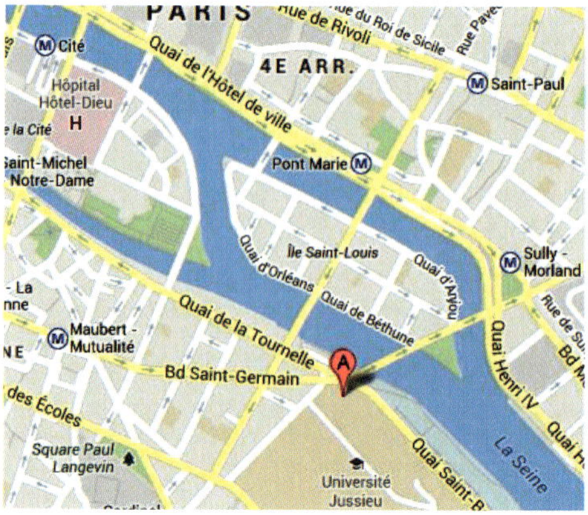


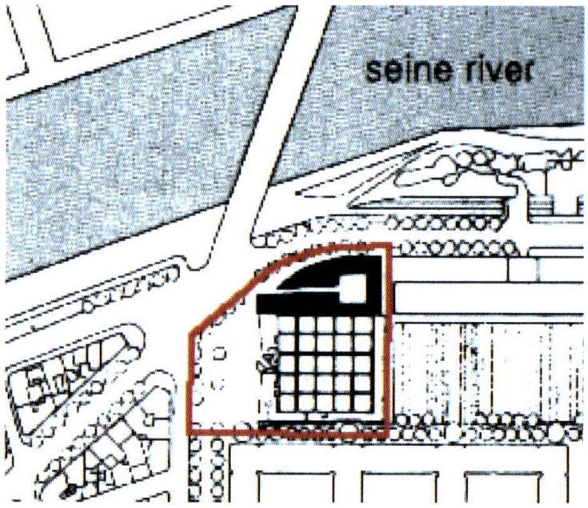


북쪽으로 센강이 흐르고 노틀담성당이 있어 좋은 조망을 제공한다.

아랍문화원은 아랍과 유럽의 문화가 중앙의 가로지르는 골목길 path과 중정 courtyard을 사이에 두고 마주보고 있다. 이 골목길은 유럽을, 중정은 아랍을 은유적으로 상징하는 듯하다. 특히, 센강과 접하고 있는 북쪽의 건물은 현대적 느낌의 투명한 유리로 파리의 스카이라인을 반영하는 반면, 남쪽은 아랍의 전통문양인 격자형 아라베스크문양을 전동조리개를 통해 표현하여 아랍을 유추 metaphor시키고 있다. 외피뿐만 아니라 내부에서도 건물 안으로 유입되는 빛은 알함브라 궁전을 연상시키게 만들며 몽환적 분위기를 연출한다.

장 누벨도 "이 건물의 중요한 요소는 빛이다."라며 빛의 중요성을 강조하고 있다. 남쪽의 입면은 중동의 이미지와 빛이라는 두 가지를 아랍의 패턴과 최고의 기계미학을 통해 실험적으로 실현했다는 점에서 의미가 있다.

배치도

광장에 자하 하디드의 샤넬 파빌리온이 설치된 모습

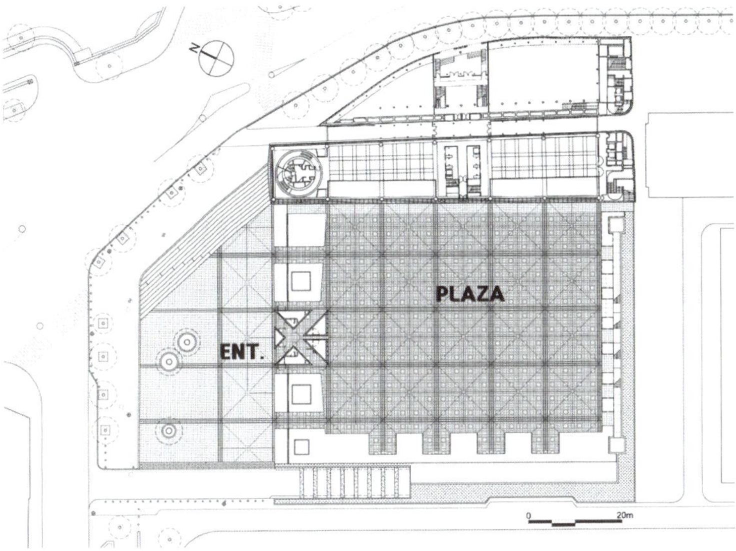


퐁피두센터처럼 전면의 큰 광장이 두 문화를 포용하는 듯하다.

배치상의 중요한 특징은 먼저, 남측은 대지경계선에서 후퇴하여 상당히 큰 광장 plaza이 전체 대지의 2/3를 차지하고 바닥의 격자형 패턴도 남측 입면의 패턴을 따르고 있다. Norman Foster는 이 광장을 "notable gesture of urban generosity"라고 언급하였다. 북측은 대지와 센강의 형상에 순응하는 곡면으로 배치하여 센강 주변의 풍광을 조망할 수 있도록 하였다.

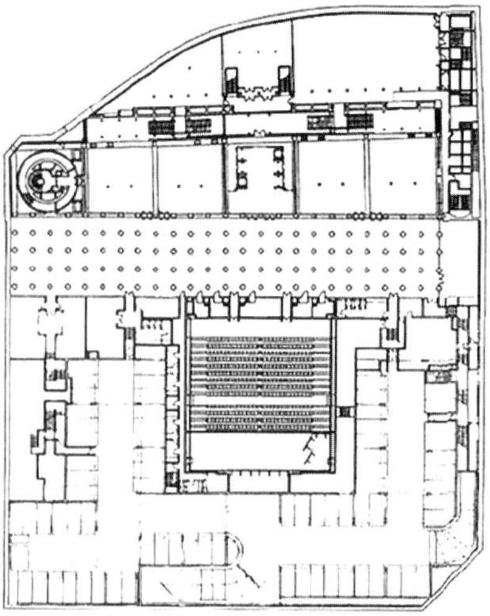

지하 1층 평면도

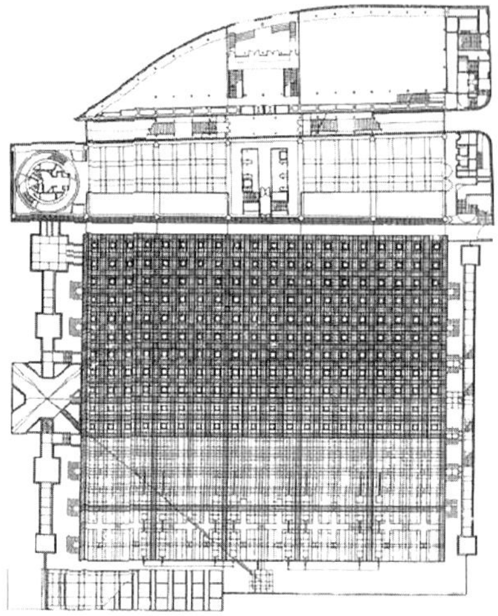

지층 평면도(1층 평면도)

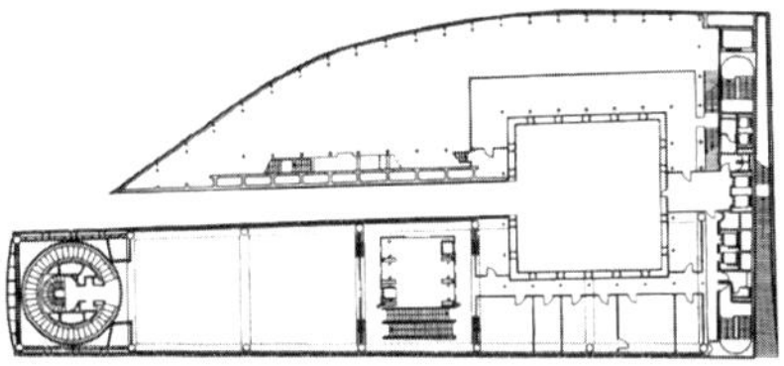

6층 평면도

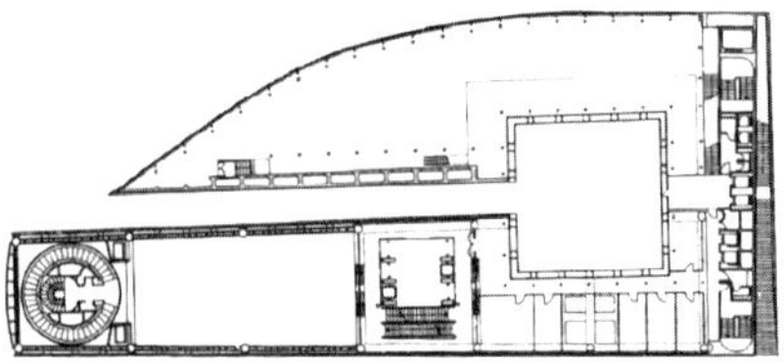

7층 평면도

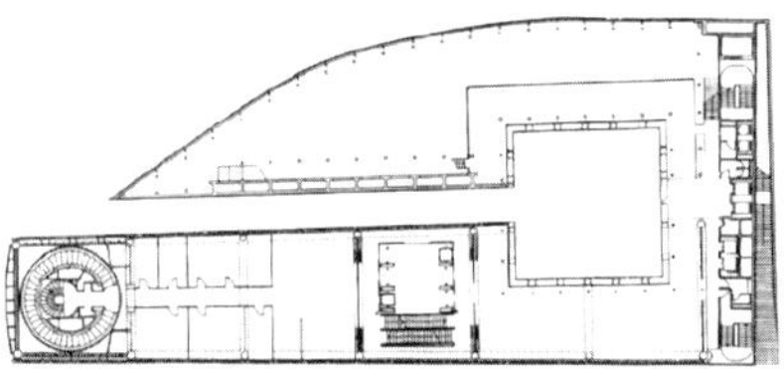

8층 평면도

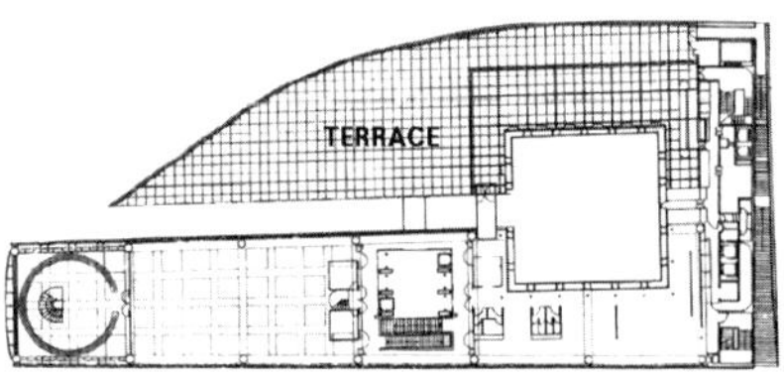


10층 평면도

입면도

정면도(남측면도)

배면도(북측면도)

측면도

단면도

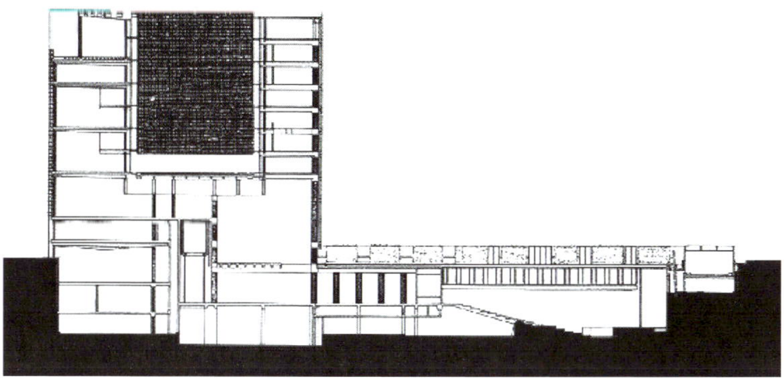

## 중정(Courtyard)

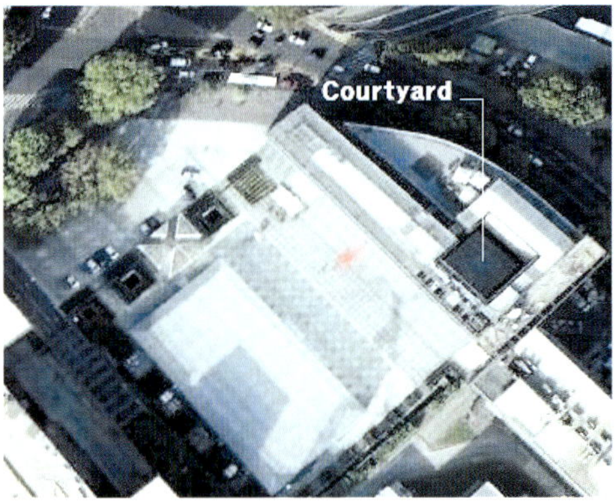


알함브라궁전의 중정을 연상시키는
아랍문화원의 중정

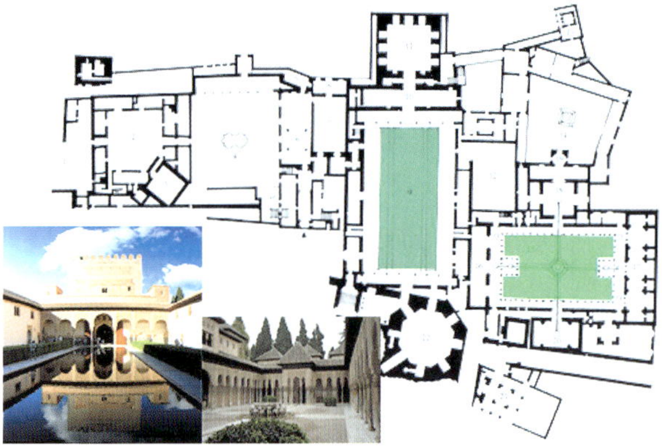

## 조리개판(diaphragm: geometric pattern)

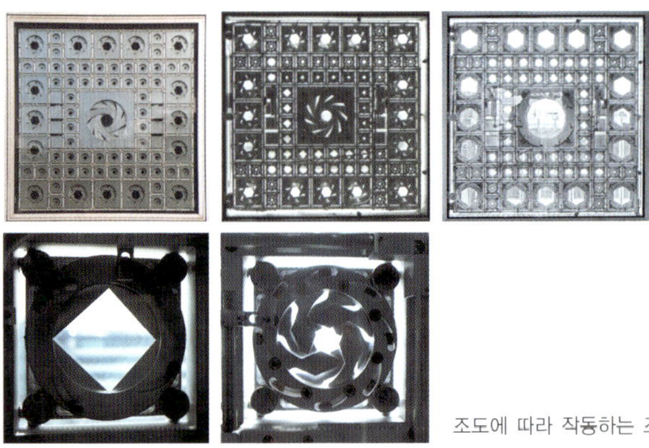

조도에 따라 작동하는 조리개판

## Window

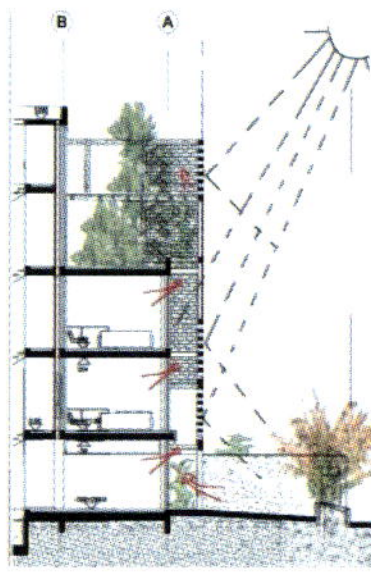

Masharbiya(아랍의 전통문양)의 현대적 적용

## Gate & Plaza pattern

건물에서 바라본 조망

내부 모습

테라스에서의 조망

공간구성을 살펴보면, 아랍의 문화와 정보를 제공하는 도서관과 전자자료은행, 미술관, 300명을 수용하는 강당, 회의실, 카페테리아, 사무실, 연회실 등으로 구성되어 있으며, 9층에는 센강을 내려다보면서 식사할 수 있는 정통 레바논 레스토랑 'Le Zyriab'도 있다. 장 누벨은 이 작품을 통해 그가 추구하는 외피의 투명성, 가벼움의 건축, 빛을 다루는 기술, 첨단기술 활용 등에 대한 구체적인 그의 건축적 방향성을 제시하고 있다.

야경

## ACCEPTANCE SPEECH

The Thomas Jefferson Building of the Library of Congress, Washington D.C.

제 연설이 너무 길고 약간 이상해 보이겠지만 전통은 존중되어야 합니다. 저의 두 친구인 프랭크 게리와 렌조 피아노는 매년 수상자들의 수락연설을 살펴보고 내용에 공감했다고 설명해 주었습니다. 그들은 어떤 부분은 빼고 또 다른 부분은 수정하거나 더해주었는데 제 원안의 일부는 유지해주셔서 감사합니다. Cindy Pritzker 여사님, 부군되시는 Jay Pritzker와 함께 설립하신 재단에서 2008년 수상자로서 저를 따뜻하게 환영해 주심에 감사드립니다. 또한 Margot & Tom Pritzker께도 감사드릴 것은 오늘날의 문화에서 빛나는 장소를 가질 수 있도록 하얏트 재단은 건축을 선택해주셨기 때문입니다.

저를 인정해주시고 알아봐주시고 수백 명의 다른 후보자 중에서도 뒤에 있던 저를 이해해주신 심사위원들께도 감사드립니다.

Monolith of Expo 02

The Arab World Institute

Lyon Opera House

Agbar Tower

Reina Sofía Museum expansion

Quai Branly Museum

Leeum Museum

Law Courts

Qatar National Museum

Doha Tower

Nemausus

항상 너무 일찌감치, 너무도 오랫동안 수상후보로 내세우시고 지지해 주신 프랭크 게리께도 감사드리고 싶습니다.

오늘 결국 옳았다는 것이 증명되었습니다. 프리츠커상 30주년 기념식에 이곳 워싱턴까지 참석해 주신 모든 분들께 진심으로 감사드립니다. 오늘밤 제가 여러분 앞에 있는 이유를 알고 있습니다. 좀 더 분명히 하자면, 저는 건축에 미쳤습니다. 하지만 저는 저와 같은 고뇌로 고통하며 먼저 이 무대에 서셨던 많은 친구들과 영웅들을 의심하였습니다. 그러나 그것은 저의 실수였습니다. 저의 부모님과 선생님들은 교사가 되기를 바라셨고, 저는 시각예술가가 되길 원했습니다. 부모님은 너무 위험한 모험이라며 건축을 반대하셨습니다. 타협이 요구되었고 가능한 빨리 시각예술로 돌아갈 생각을 하고 에콜 데 보자르에서 건축을 공부하기 시작했습니다. 하지만 그 과정에서 열정이 생겼습니다.

아주 초기에, 저는 Claude Parent & Paul Virilio와 함께 일하기 시작했는데 Claude는 저를 매혹시켰고 Paul은 등록하도록 만들었습니다. 저는 건축가가 되었습니다. 제가 오늘밤 여기 서 있는 이유입니다. 아버지는 역사와 지리학의 박사시며, 어머니와 함께 프랑스의 Perigord지역에 살고 계십니다. 부모님은 보고, 읽고, 생각하고, 제가 생각하는 것에 대해 표현하는 것을 가르쳐 주셨습니다.

Golden Angel

오늘 제가 여기 있는 것에 대하여 그들에게 감사하며 보자르에서 질문 중심의 수업과 문맥에 무감각한 프로젝트에서의 재능도 부모님께 빚을 졌습니다. 제가 국제주의양식과 주요 대륙을 가로질러 있는 도시들에 부과된 최초의 보편적인 모델을 비판할 수 있었던 것은 부모님의 영향이 컸습니다. 또한 나에게 기대하는 많은 그림 대신, 타자로 친 건축 프로젝트를 제출하고 학교에서 6개월 이상 머물렀던 이유도 부모님 때문이었습니다.

또한, 저는 Michel Foucault를 읽기 시작할 정도로 많은 호기심이 있었습니다. 그는 아마도 이념이 아닌 많은 역사적 사실에 근거한 진리만을 믿는 "우리 시대 최고의 회의론자"입니다. 분산과 특이성의 이론가, 실증 인류학자였고, 그의 작품은 비평에 근거를 두고 있습니다. Michel Foucault, 감사합니다. 당신은 제가 오늘밤 여기에 있는 또 하나의 이유입니다. 70년대 말, 제가 이데올로기의 무관함을 건축에서 대문자 A로 나타내고 「건축의 미래는 건축적이지 않다.(The future of architecture is not Architectural)」이라는 책을 쓴 것도 당신 때문입니다.

Euralille

One New Change

건축은 자율적인 교육이라는 생각에 부정하였고 건축의 미래를 위해 건축 분야의 외부(다른 분야)를 볼 필요가 있다고 주장했습니다. 건축 분야의 폭을 넓히는데 공헌했을 것이라고 심사위원들로부터 듣기 위함이 제가 오늘 밤 여기 있는 이유입니다.

저는 그 당시 많은 프로젝트를 완성하였고 여러 공모전에서 실패하였으며 조형적 원칙들을 각 프로젝트마다 작성하곤 했습니다. 해야 할 것과 하지 말아야 할 것을 목록화했습니다. 모순을 해결하는 가장 좋은 방법은 브레인스토밍 회의인 것 같습니다. 저는 무대 디자이너이며 작가인 Jacques Le Marquet, 건축비평가이며 작가인 Olivier Boissiere, 철학자이며 출판인인 Hubert Tonka, 생태학자인 Jose Miguel 같은 조언자들과 함께 할 생각을 하였습니다. 이 팀들과 조언자들 덕분에 어려운 통합이 삶속에 이루어졌습니다.

Copenhagen Concert Hall

제 프로젝트는 하나씩 잇따라 계속되었고 항상 달랐습니다. 프로젝트는 같게 할 수 있는 방법이 없었습니다. 프로젝트 자체의 방식은 특이성을 요구했습니다. 가능하게 해주신 조언자들께 감사드립니다.

각각의 프로젝트가 비슷한 것이 하나도 없는 이유가 여기에 있습니다. 결코 그렇게 하지 않을 것이며, 그래서 오늘밤 여기에 있습니다. 각 프로젝트의 완성을 위해서 저는 현황을 시적으로 바라보았습니다. Gilles Deleuze를 읽고 변위를 통하여 건축에서의 개념은 무엇인가를 결정하려고 노력하였습니다. Jean Baudrillard와 만났고, 숙명적으로 피할 수 없는 운명의 위험에 직면했습니다.

90년대 초반, 저는 퐁피두센터에서 강연을 했는데 제목은 "건축의 안개가 깨끗이 사라진 이후"였습니다. 도시 주변 지역을 둘러싼 새로운 역사적·지리적인 층의 모호한 도시의 무질서한 확산 규모에서, 행성 규모에서 도시 혼란의 필연적인 수용을 인정하였습니다. 발자취가 끊긴 풍경과 네트워크, 그리고 빛을 위한 새로운 시적인 것의 발견이었습니다. 규모가 어떠하든지, 건축은 그 당시부터 수정될 수 있고 돌연변이 될 수 있다는 자각과 Wim Wenders와 우정을 나누던 시기였습니다. 저는 지금 전체로써 행성의 관점에서 생각합니다. 저는 제가 일하는 도시에서 내·외부적 시각을 결합하고 있습니다. 이것이 제가 이 밤에 여기에 있는 이유입니다. 유럽과 일본 여행 후, 퐁피두센터에서의 전시는 상황적으로나 문맥적 건축의 미덕과 시간에 동결된 문화의 순간으로 볼 수 있는 기회였습니다. 하지만, 급증하는 세계화는 저를 좌절시켰고, 덴마크 Louisiana Museum 건축에 의해 감정적 충격을 받았습니다.

다시, 저는 저의 반대를 공개적으로 말하고 표현하였으며 제 생각을 제안하였습니다. 저에게 있어 이 장소는 잊혀진 진실의 살아있는 증거였습니다. 건축은 초월의 힘을 가지고 있습니다. 건축은 지리, 역사, 색채, 빛의 질을 나타낼 수 있습니다. 무례하기도 하고 자연스러우며 세상에 속해 있습니다. 건축은 살아 있으며 독특합니다. 건축은 소우주이며 비눗방울입니다. 건축은 세상이 작아지는 시기에 우리 세계를 확대합니다. 매일 끊임없이 발생하는 중요한 역사적 충돌은 상황의 건축에 반대되는 세계화 건축, 특별한 건축에 반대되는 포괄적인 건축이 놓이는 것입니다.

Serpentine Gallery Pavilion

Cultural and Convention Center

비평 정신 없이, 오늘날의 근대화는 20세기 근대화운동을 직접적으로 계승하지 말아야 합니다.

행성에 고공 낙하하는 고독한 개체(objets celibataires)로 구성되지 말아야 합니다. 반면에, 현 시점에서는 적격인(ad-hoc) 건축을 제안하기 위하여 이유, 관련성, 조화, 차이를 찾아야 합니다. 의심할 여지없이 이 대립은 깊어지고 있으며, 세계화에 반대하는 지역화의 문제보다 더 복잡합니다. 특별성은 지식의 현실화와 관련됩니다. 여행은 어떠한 건축가를 육성함에 있어 중요한 요소입니다. Louisiana Museum은 캘리포니아 여행의 결과인데 멀리서 모인 정보의 결실이며 Jorgen Bo & Vilhelm Wohlert에 의한 독특한 지역에 대한 해석의 결과입니다.

우리는 지구에서 사는 즐거움이라는 이름으로, 모든 기후에서, 모든 대륙의 도시들의 정체성을 없애고 복제된 건물, 복제된 주택, 복제된 상점에서 먹고 살며 생각과 시각을 피하기 위하여 이미 본 것과 생각한 것에의 갈망하게 하는 자동적인 부패, 지역, 네트워크, 그리드의 도시화에 저항해야 합니다. 우리는 이러한 포괄적인 법칙을 색채, 본질, 특성, 변칙에 대하여 말하는 감성적이며 시적인 법칙과 접근을 세우는 다른 것으로 대치해야 합니다. 법칙은 물려받은 혼돈의 변경을 유발하는 돌연변이를 고무시킬 것입니다. 건축은 이미 존재하는 무엇인가의 돌연변이를 조직하는 변형을 의미합니다. 건축은 나타내고 방향을 제시하는 것을 의미합니다.

또한 계속 살아 있는 역사이고 과거 삶의 자취이며 삶의 터전의 호흡과 맥박과 창조를 위한 리듬의 해석을 듣는 것을 의미합니다. 이것은 분명 시적 임무입니다. 왜냐하면 시만이 "순간의 형이상학"을 만들 수 있습니다. 신비함, 취약함, 자연과 함께 가능성의 제한 속에서 일해야 하며, 변하는 동시에 특성과 함께 나이 먹는 시간, 녹, 재료의 풍화를 예상해야 하며, 접근의 제한에 드러남으로써 결함에서 일해야 하는 임무입니다. 전체처럼, 디테일은 발명하고 틀어지고 세상을 풍부하게 하며 재구성 · 재조립하며 기술과 달리 재질, 빛의 대립을 유발하는 기회입니다.

저에게 있어 건축은 이중성 안에서 특이성을 창조하고 대립하는 상황에서 특이성을 만드는 것입니다. 건축은 의지력과 인간에 대한 지식과 갈망에 의해 주어진 시간에 장소의 상황에 적응하는 것을 의미합니다.

저는 혼자 이것을 결코 할 수 없습니다. 그것이 여기 혼자 있지 않고 저와 일해 온 많은 동료들과 함께 한 이유입니다.

1993년 파리에 까르띠에 재단을 설립하신 분은 Alain Dominique Perrin입니다. Thomas Held는 2000년 루체른에 문화센터를 세우신 전략가이십니다. Quai Branly Museum의 관장이신 Stephane Martin, 우리는 Patrice Januel과 함께 그 박물관을 세웠습니다. 하인즈와 골드만 삭스의 David Penick & Jerry Karr, 우리는 함께 소호에 40 Mercer를 지었으며 MOMA의 전시공간을 확장하기 위하여 Tour de Verre를 진행하고 있습니다. Santi Mercade는 바르셀로나에 Agbar Tower를 설계하도록 해 주신 분입니다. 그는 Jose Ribas와 더불어 카탈로니아에서 온 파트너이며 친구인데 그와 함께 최근에 Catalonia Hotel Tower를, Juan Manuel Sanahuja의 위임으로 비즈니스센터인 City Metropolitana를 세우고 있습니다. 우리는 함께 파리 라데팡스의 다용도 타워인 Signal Tower도 세우고 있습니다.

Joe Dowling & Peter Kitchack과 함께 우리는 미니애폴리스의 Guthrie Theater를, Alf Naman & Craig Wood와 첼시에 100 Eleventh Avenue를 세웠습니다. Patrice Januel과 Laurent Bayle는 파리에서 가장 큰 필하모닉의 건축과 경영의 책임자이십니다. Bruce & Stephan Elieff와 함께 L.A에 초고층 콘도미니엄인 Green Blade를, Edmund Cheng과는 싱가포르와 쿠알라룸푸르에 콘도

Louvre Abu Dhabi

Cartier Foundation

Guthrie Theater

미니엄을, Marc Pietri와 함께 마르세유항에 타워를 세우고 있습니다. David & Jane Walentas는 덤보의 제 첫 프로젝트를 지도해 주셨습니다. Tom Krens와는 전시 및 교육박물관을 세웠고, Robert Lion과는 Endless Tower를 세우려 시도하였습니다.

저는 전직 「오늘의 건축 Architecture d' Aujourd'hui」의 수석편집장이었던 Marc Emercy와 생각을 "건축했습니다." 자주 Yann Kersale과 빛을 "건축했습니다." Gilbert Brownstone과 Olivier Margot는 좋든 나쁘든 모든 상황에서 저를 지원해 주었습니다. 여기에 오신 파트너이자 동생인 저의 드림팀을 대표하는 Michel Pelissie은 우수한 리더로서 지난 14년 동안 함께 모든 것을 지었습니다. 이사인 Alain Trincal과 건축설계 파트너인 Emmanuel Blamont, 그리고 지난 19년 동안 유비쿼터스 건축가로서의 삶을 체계화하는데 Charlotte Kruk의 지원이 있었습니다. 저는 항상 어디에서든, 누구에게 뿐만 아니라 모두를 위해 건축을 했습니다.

저는 건축을 양식의 분야로 건축을 제한하는 것을 거부합니다. 저는 제가 찾은 것을 무의식적으로 구하고 의심하는 건축가입니다. 저 스스로를 위험에 빠뜨리고 디자인하는 과정에서 건축을 발견하고 놀라는 경험주의자입니다.

저는 넘어졌고
창조에서 수정까지
단언에서 암시까지
쌓음에서 채움까지
축조에서 침투까지
위치 선정에서 고급 위치 선정까지
선명함부터 모호함까지
추가로부터 일탈까지
서예에서부터 에칭까지
미끄러지면서 제 일을 성취했습니다.

저는 건축을 사랑하는데 빛을 어떻게 집중시킬 것인가, 지형을 읽는 것을 돕는 것과 바람, 하늘, 토양, 물, 정취, 나무, 잔디를 요동치게 만드는 피사계 심도를, 장소의 풍습과 사용을 기억하는 것을, 동시에 세계적이며 지역적인 네트워크를 연결하는 것을 알기 때문입니다. 저는 건축을 사랑하는데 접근하는 사람들의 영혼이 드러내기 때문입니다. 건축은 구식입니다. 영원하지 않으며 불안정해서 살아 있을지 의심스럽습니다. 저는 어둠 밖으로 드러난 건축을 보고 되살아날 그날을 상상해 봅니다. 상황의 건축, 특이성의 건축은 과거와 미래, 무기질과 식물성, 순간과 영원, 가시적인 것과 불가시적인 것 사이의 관계를 엮어줍니다. 저에게 있어 탐험은 의무이고 강한 갈망의 이해이며 진화현상의 의문입니다. 저는 감각 안에서 생각하고 생각 안에서 느낍니다. 하지만 생명체와 함께 무생물과의 조화를 찾습니다. 조화는 항상 실제적이지 않습니다. 조화는 상상할 수 없는 기쁨, 바랄 수 없는 중에 바라는 원천이 될 수 있으며 우리의 상상력을 흥분시킬 수 있습니다.

건축은 자기 자신의 깊은 곳으로부터의 재능입니다. 세상을 만드는 것이고 장소와 아주 작은 기쁨과 감각의 발명이며 현실에 빨리 담그는 것입니다. 저는 무의식적인 건축, 대량생산체제의 건축을 맹렬히 비난합니다! 공격합니다! 집어 삼킵니다! 그처럼 무미건조한 건축은 보조로써, 특이하고 뒤죽박죽이며 폭발적이며 뒤집는 전략을 위한 시발점으로써 사용되어야 합니다. 저에게 있어, 특이성 건축의 임무 중 하나는 완벽하게 하는 것, 재부상하는 것, 다각화하는 것, 수정하는 것, 그리고 포괄적인 건축이 결코 상상할 수 없는 것을 상상하는 것입니다. 즉 일생동안의 주거지를 제공하는 것입니다. 건축의 상황에 대한 시적인 것을 요구합시다. Petra에서 Sanaa까지, Venice에서 Manhattan까지, Chartres에서 Ronchamp까지, 어부의 오두막에서 사막의 텐트까지, 리오의 빈민가에서부터 루르의 산업폐허까지, Katsura에서 Louisiana까지.....

세속적인 것의 모든 충돌과 조명, 모든 시적인 역설! Paul Valery은 기적적인 역설을 간단한 운문으로 《Time sparkles and dreaming is knowledge》라고 요약했습니다.

30주년을 기념하며, 저는 많은 이미지를 떠올렸습니다. 사막에서의 Luis Barragan부터 미시간호수 숲 위의 Richard Meier의 White House까지 Ando Tadao

의 Japanese Mountains부터 Glenn Murcutt의 골함석 목조주택까지, Jørn Utzon의 시드니 오페라하우스에서 Frank Gehry의 빌바오 구겐하임이나 디즈니 홀의 탁월함까지, 어떻게 시간은 반짝이고 꿈은 지식인지가 어느 때보다도 분명해졌습니다. 파리부터 런던까지 Renzo Piano, Richard Rogers, 또는 Norman Foster에게도 적용됩니다. 시애틀에서부터 신시내티까지 비엔나에서 나파 밸리까지 Rem Koolhaas, Zaha Hadid, Hans Hollein, 또는 Jacques Herzog & Pierre De Meuron에게도 적용됩니다. 이들은 프리츠커 수상자의 믿기 어려운 족보를 설명하는데 단지 몇몇의 설득력 있는 사례일 뿐입니다.

저는 제 가족에게 감사하면서 마치고자 합니다. 그들은 일종의 건축광을 항상 이해해 주었고 함께 살아왔으며, 시인의 말을 인용하면, 항상 저를 사랑했으며 저의 적당한 생소함의 발전을 도와주었습니다. 아내 Odile과 두 아들에게 감사합니다. 신중하게 회전하는 디지털 이미지의 분야에서 천재이신 Bertrand은 특별히 일본에서 여기까지 와 주셨습니다. 이미지와 음악의 시적 제작자인 Pierre는 라히프찌히의 오페라하우스 공연을 위해 일하고 계셔서 더욱 감사합니다. Catherine과 제 딸 Sarah에게도 감사하고 싶습니다. 제가 만난 최고의 감동적인 사진작가입니다. 저의 고마움을 다정한 동료이자 유능한 건축가인 Mia에게도 전합니다. 우리는 시간을 반짝이게 만들었습니다.

마지막으로, 위대하신 프리츠커상 수상자로서 100세이신 Oscar Niemeyer께 축하드리고 싶습니다. 2년 전에 그를 보았는데 저를 위해 벽에 최근 프로젝트의 스케치를 하셨습니다. 그리고 젊다면 그것은 인생의 나머지를 위한 것이라는 것을 확인시켜 주셨습니다.

저는 다시 20년 전으로 돌아가 그의 수락연설을 읽었고 그의 시적 인용을 빌리고자 합니다. Charles Baudelaire가 말했듯이 “예상치 못함, 불규칙, 놀라움, 감동은 아름다움의 특성이며, 본질적인 부분입니다.”

# Peter Zumthor

## Pritzker Architecture Prize Laureate 2009

### PROFILE

1943 스위스 Basel에서 출생(아버지 Oscar Zumthor는 cabinet maker)

1958~1962 목수(cabinet maker)로 견습

1963~1967 Kunstgewerbeschule ("school of arts and crafts") Basel에서 수학

1966 뉴욕 Pratt Institute교환학생으로 산업디자인과 건축디자인 공부

1968~1978 Graubüden주 문화재 보존부의 보존건축사로 활동

1979 개인사무실 개설

1994 베를린 Academy of Arts에 선출

1996 독일건축가연맹(Bund Deutscher Architekten) 명예회원

1998 Kunsthaus Bregenz, Thermal Baths로 Carlsberg Architecture Prize 수상

1999 Harvard Graduate School of Design을 비롯한 많은 대학에서 강의
유럽 건축가를 위한 Mies van der Rohe Award 수상
Norway' s National Tourist Route 프로젝트의 유일한 외국건축가

2008 Praemium Imperiale Architecture 수상

2009 프리츠커상 수상

2011 Serpentine Gallery 여름 파빌리온 디자인

2013 RIBA Royal Gold Medal 수상

1996~현재 Accademia di Architettura di Mendrisio 교수 재직

## THOUGHT

**" I believe that buildings only be accepted by their surroundings and light, materials and atmosphere are the most important aspects of architecture."**

예술의 도시 art city로 불리는 프랑스와 독일의 접경도시인 스위스 바젤의 문화와 역사, 자연환경, 그리고 그라우뷘덴주 보존건축사 활동은 그의 건축에 매우 큰 영향을 주었다. 그라우뷘덴주 할덴슈타인 Haldenstein에 작은 아틀리에를 설립하고 양로원, 학교, 성당 등의 작품을 진행하고 있는 줌토르에게 있어 가장 중요한 건축 요소는 분위기 atmospheres라고 말할 수 있다. "Atmospheres is a poetics of architecture." 건축적 분위기는 독특한 밀도와 기분, 존재감, 행복, 조화, 아름다움 등 그가 경험했던 것과 경험하지 못했던 것들로 구성된다고 보고 이러한 분위기를 연출하는 데 있어 중요한 요소는 주변 환경에 대한 고려와 재료의 신중한 선택이라고 강조한다. 주변 환경, 즉 대지의 역사와 형상, 감각적 성질 등을 깊이 있게 연구하여 장소가 들려주는 소리에 귀기울여야 한다고 말한다. 재료 사용에서도 친숙한 재료를 창의적으로 적용하여 친숙함이 주는 편안함과 특별한 의미를 통해 감각을 자극하고 감동과 울림을 만들어낸다. 재료는 단순히 기능적이거나 시각적인 것으로 제한되지 않으며 만져보고, 냄새맡고, 들어보는 등의 감각을 자극하는 중요한 수단이 되고 있다.

그는 자신의 학생들을 교육할 때도 자신들의 경험과 작업하라고 가르친다. 디자인을 할 때 추억에 떠오르는 방에서 무엇이 자신을 감동시켰는지 물어보라고 말한다. 이 방은 어땠는가?, 어떠한 냄새를 가지고 있는가?, 나의 목소리는 어떻게 들리는가?, 빛은 어떻게 들어왔는가? 를 감각적 경험과 연관시킬 것을 강조한다.

이러한 그의 생각을 잘 나타내며 국제적 주목을 끈 작품으로 성 베네딕트 채플과 발스온천을 꼽을 수 있다. 성 베네딕트 채플은 주변의 주택과 동화되는 소박하면서 자연친화적이며 친숙한 재료인 나무 timber를 이용하여 잎사귀 모양의 단순한 형태에 고전적인 고측창 clerestory을 현대적으로 재해석하여 빛에 의한 효과를 극대화하고 있다.

또한 발스온천의 경우, 2km 정도 떨어진 지역의 편마암을 채굴하여 3가지 종류의 두께로 지층을 쌓듯이 60,000개의 석판을 번갈아가며 적층시키고 편마암과 천연 온천수, 빛을 통해 변화를 유도하여 환상적이며 몽환적인 분위기를 연출하였다. 특히, 재료의 재해석이라는 측면에서 가장 강한 인상을 주고 있는 작품으로 클라우스 형제 예배당을 들 수 있다. 원목 112개로 내부 거푸집을 만들고 콘크리트를 부어 굳힌 후 내부 목재를 제거하기 위해 3주 동안 태워 없애고 검게 그을린 공간에 천창으로 들어오는 빛을 통해 원시적 감동과 숙연함으로 감성을 사극힌디.

이처럼 줌토르는 주변환경과 대지, 재료, 빛, 그리고 경험적 감각을 통해 친숙함과 함께 새로운 공간을 만들고 있다. 이로 인해 형태에 있어 미니멀리즘에 가깝다고 보기도 하지만 특별히 형태의 단순함을 추종한다기보다는 형태보다는 주변 환경, 재료, 그리고 공간을 더 중요하게 생각하기 때문이라고 볼 수 있다.

## MAJOR WORKS

| | |
|---|---|
| 1985~1986 | Protective Housing for Roman Excavations, Chur, Graubünden, Switzerland |
| 1985~1986 | Zumthor Studio, Haldenstein, Graubünden, Switzerland |
| 1985~1988 | Saint Benedict Chapel, Sumvitg, Graubünden, Switzerland |
| 1982~1990 | Bündner Kuntsmuseum, Chur, Switzerland |
| 1990~1993 | Homes for Senior Citizens, Chur, Masans, Graubünden, Switzerland |
| 1991~1996 | Thermal Bath Vals, Graubünden, Switzerland |
| 1990~1996 | Spittelhof Estate, Biel-Benken, Baselland, Switzerland |
| 1989~1997 | Kunsthaus Bregenz, Vorarlgerger Landesgalerie, Bregenz, Austria |
| 1997~2000 | Swiss Pavilion(Swiss Sound Box), Expo 2000, Hanover, Germany |
| 2002 | Luzi House in Jenaz, Graubünden, Switzerland |
| 2003 | Zink Mine Museum, Almannajuvet, Sauda, Norway |
| 2001~2004 | Harjunkulma Apartment Building, Jyväskylä, Finland |
| 1997~2007 | Kolumba Diocesan Museum, Cologne, Germany |
| 2002~2005 | House Z(Peter Zumthor's house), Haldenstein, Graubünden, Switzerland |
| 2000~2007 | Brother Klaus Field Chapel, Wachendorf, Eifel, Germany |
| 2007~2011 | Steilneset Memorial, Finnmark, Varde, Norway |
| 2011 | Serpentine Gallery Pavilion 2011, London, UK |

**ANALYSIS**

# House Z (Peter Zumthor's House)

위치 : Süsswinkelgasse 20, 7023 Haldenstein, Graubünden, Switzerland
구조 : Concrete & Steel, Pietra serena stone
규모 : 지하 1층 ~ 지상 2층
준공년도 : 2005년
개념 : "a house organized around a patio"

스위스 할덴슈타인의 작은 시골에 위치하고 있는 House Z는 1980년대 초 구입한 오래된 농가를 개조하여 사용하고 있는 Zumthor's atlier 맞은편에 자리잡고 있다. 2005년 준공된 새 주택은 기존 아틀리에의 목조와 달리 콘크리트와 철재를 주재료로 사용하여 대조를 보인다. 주택의 배치는 남향의 햇빛을 충분히 받을 수 있도록 중정 courtyard을 중심으로 U자형으로 계획하였다. 중정의 남쪽은 아틀리에를 지나 주택으로 들어오는 길에 1층의 건물로 계획하였는데 주로 사무실로 사용되고 있으며 지붕은 평슬래브로 마감하였다.

중정의 북쪽에는 길게 줌토르의 스튜디오와 가족을 위한 주거공간이 남향의 중정을 바라보고 있다. 주거건물에는 지하층이 있어 3개의 층으로 되어 있으며 지하는 모델작업을 위한 공간이다. 남쪽의 사무실 건물과는 달리 주거건물은 판금박공지붕으로 마감하였다. 두 건물은 회의실로 사용되는 공간에 의해 연결되며 복도 역할의 회의실공간도 1개 층의 평슬래브로 계획되어 주거건물의 2층에 있는 방에서 문을 열고 나가면 테라스로 사용이 가능하다.

주변 현황

경관이 뛰어난 시골 마을에 위치하고 있다.

주거건물의 층별 구성을 살펴보면, 줌토르의 스튜디오는 1층의 가장 중앙에 위치하여 스튜디오 오른편 끝의 현관문을 열고 들어오면 바로 왼편으로 2층까지 개방된 스튜디오가 눈에 들어온다. 스튜디오를 중심으로 왼편으로는 벽난로의 거실이 3계단 위에 있고 오른편으로는 부엌과 식탁이 6계단 위로 있다.

거실과 부엌은 필요에 따라 스튜디오에서 커튼을 치면 보이지 않는다. 거실과 스튜디오는 남향으로 큰 창문을 통해 따사로운 햇빛과 중정이 시각적으로 제공되는 반면, 부엌은 창문이 동북향으로 개방되어 뒤편 산을 조망할 수 있다. 특히, 스튜디오는 바닥부터 2층 천장까지 커다란 창문을 통해 자연광을 받아들이고 있어 고령의 줌토르가 작업하는 데 최상의 작업공간이 되고 있다.

배치도

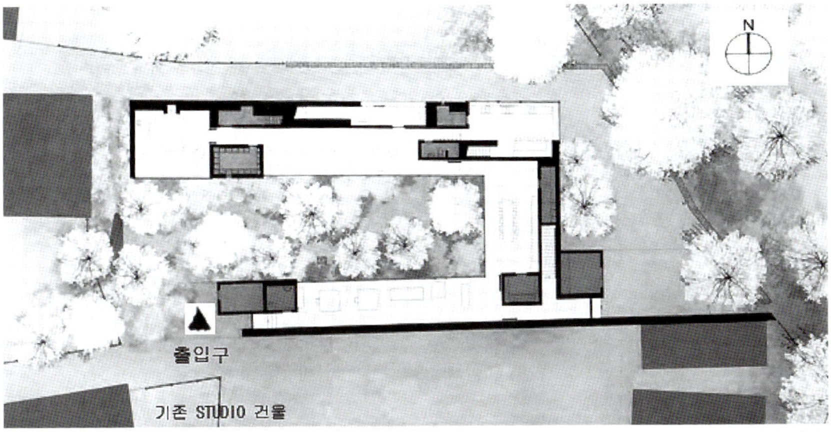


중정을 중심으로 남쪽에는 사무실, 북쪽에는 주거공간이 있다.

2층 공간은 가족실과 침실 2개로 구성되어 1층으로부터 프라이버시를 제공한다. 콘크리트공간 속에서 느끼는 엄숙함보다는 개방적이고 밝은 공간을 통해 친밀함을 주고 있다.

외부에서 보면 폐쇄적인 느낌을 주지만 일단 중정으로 들어서면 단풍나무를 비롯한 다양한 조경이 개방적이며 평온한 느낌을 주고 있어 중정이 이 주택의 분위기를 좌우한다. 중정만을 보면, 도요 이토의 U House를 연상시킨다.

**"It is not only important how a floor, stair, wall, room or façade look, but also how they feel when one touches them with his or her finger tips, how they smell, how they resonate and sound."**

## 평면도

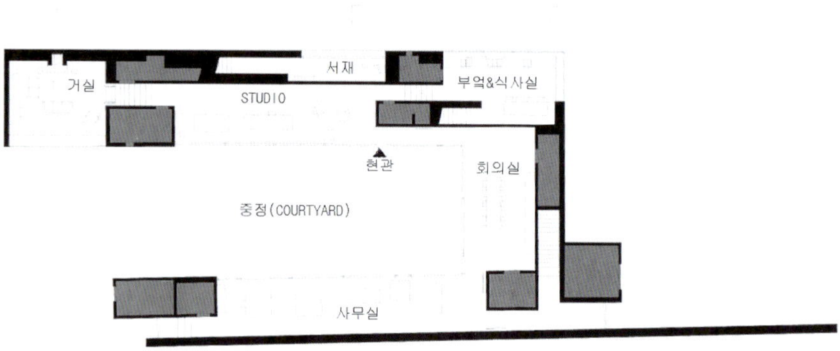


1층 평면도

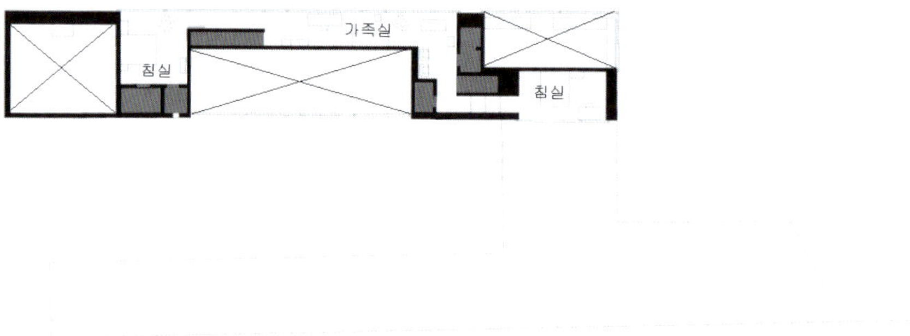


2층 평면도

## 단면도

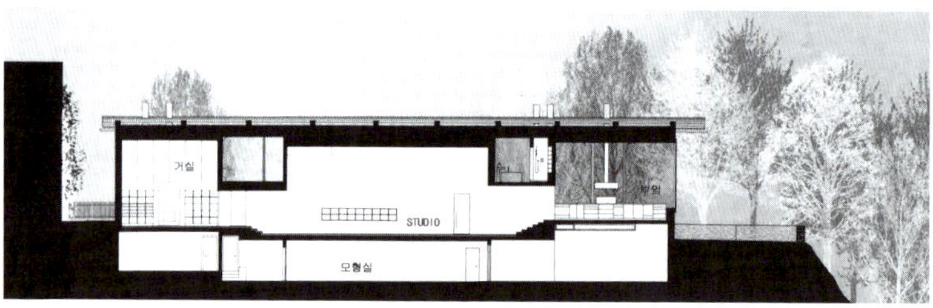


1층 평면도

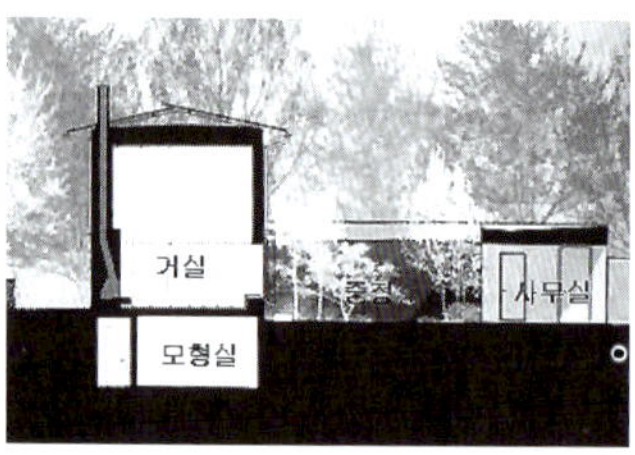


스튜디오와 거실, 부엌의 레벨이 각각 다르다.

## 기존 STUDIO(Zumthor's atlier)

북향의 모습

남향의 모습

내부 모습

## House Z 조감도

도로에서의 진입구가 보인다.

## 중정(Courtyard)

회의실에서 바라본 모습

## 진입로 및 현관

진입로를 통해 중정을 통과하면 현관문이 나온다.

## 스튜디오

중정의 자연과 빛으로 충만한 STUDIO

거실/식당

부엌으로 가는 계단

부엌내 식사테이블

거실로 가는 계단

서재

북향의 입면

## ACCEPTANCE SPEECH

### Legislative Palace of the City of Buenos Aires

감사합니다. 이런 상을 받다니 정말 멋진 순간입니다. 스위스로부터 2주 전에 돌아온 한 저널리스트가 저에게 물었습니다. "지금 당신은 건축계에서 가장 큰 상을 받았는데 이 상이 당신의 삶을 변화시킬까요?" 저는 대답했습니다. "물론 아니지요." 그리고 추가했습니다. "글쎄요, 잘 모르겠네요." 아마 무언가는 변화시키겠지만 저는 그렇지 않을 거라고 말하고 싶었습니다. 저는 지금 약간 나이가 들었고, 2주 정도 더 늙었고, 무언가 약간 변했습니다. 설명드리도록 하겠습니다. 들으신 것처럼, 제가 어렸을 때, 주변에 건축은 없었습니다. 건축가는 있었습니다. 그들 중 몇 명은 아버지가 좋아하셨거나 좋아하지 않으셨습니다. 그렇지만 건축은 존재하지 않았습니다. 후에 뒤돌아보며 저 자신에게 물었습니다.

Kolumba Diocesan Museum 내부

House Z(Peter Zumthor's house)

Harjunkulma Apartment Building

Spittelhof Estate

Brother Klaus Field Chapel

내 생애에서 건축은 있었는가? 먼저, 저는 생각했습니다. "나는 아무것도 보지 못했다." 아마도 단지 우리 집 정도... 그렇지만 건축은? 학교? 저는 바젤시 외곽으로 5km 떨어진 마을에서 자랐습니다. 따라서 주변을 둘러보면 볼게 별로 없었습니다. 나중에 되돌아본 저의 모습이었음을 기억해 주십시오. 어느 토요일 저녁, 갑작스럽게 우리는 작은 기차를 타고 영화를 보러 갔습니다. 그때를 기억해 보면 그 거리에는 모든 영화관이 있었고 그것들은 아름답게 느껴졌습니다. 안으로 들어갔을 때도 아름다웠습니다.

정말 대단한 키치 Kitsch 패션의 세계가 있었습니다. 정말 대단했습니다. 내려가면 노란색과 검정색의 화장실이 있었습니다. 갑자기, 저는 이곳에는 다양한 것이 있고 난간도 있음을 깨달았습니다. 물방울무늬나 물방울무늬의 구멍도 있었습니다. 그래서 이곳은 건축이 있음에 틀림없다고 상상했습니다. 정말 특별한 것이었습니다. 후에, 일년에 한 번 근처의 바로크양식의 수도원에 갔던 것을 기억합니다.

Saint Benedict Chapel

Saint Benedict Chapel 내부

Protective Housing for Roman Excavations

Swiss Pavilion

Bündner Kuntsmuseum

Luzi House in Jenaz

그곳에는 아름다운 바로크교회에서 그레고리오성가를 부르는 수도사가 있었습니다. 건축이었습니다. 예배의 마지막에 그것은 최고였습니다. 가족들은 항상 바위로 내려갔는데 아주 작은 채플실이 세워져 있거나 바위를 판 곳도 있었습니다. 많은 양초와 전형적인 냄새, 그리고 모든 상황들이 있었습니다. 건축이었습니다! 건축적 환경이었습니다! 저는 그것을 발견한 것이 기뻤습니다. 물론, 다른 상황도 있습니다. 그러나 젊은 시절 건축이 있는 곳의 발견에 기뻐하였습니다. 저는 그것을 알지 못했거든요.

좀 더 후에, 10살에서 15살 정도에 저는 갑자기 실제 건축가가 되고 싶다고 결정했는데 부엌에서 내린 일종의 외로운 결정이었습니다. 그리고 제 일을 시작했습니다. 공모전에도 나가기 시작했습니다. 당선도 되었습니다. 저의 첫 두 건물이 그것입니다. 두 건물은 커지기 시작했습니다. 그 당시 Annalisa와 저는 두 건물을 보았던 것을 기억합니다. 저는 정말 우울해졌습니다. 그것은 끔찍했습니다. 저는 건물을 보았고 건물의 모형을 볼 수 있었습니다. 끔찍했습니다. 저는 건물에서 시간에 대한 건축적 논쟁을 들을 수 있었습니다. 이는 저에게 발생할 수 있는 마지막이었습니다. 제 자신이 아닌 마지막이었습니다. 그렇다면 제 자신이 되는 것은 무엇일까요? 머리가 아프고 가슴을 아프게 만드는 건물에서 잡지나 누군가와 대화할 수 있는 토론에도 나오지 않았던 내가 좋아하는 것들이 있다는 것은 흥미롭습니다. 반면에 이것이 나입니다. "나"라는 것은 무엇인가요? 물론, 저도 정확히는 모릅니다. 하지만 이런 상황이 발생했을 때 제가 느끼는 것의 프로세스에 관하여 약간이나마 설명할 수 있습니다.

즉 "이것이 나입니다"라는 느낌을 가질 때 말입니다. 아마 테니스를 쳐보신 분들은 알 것입니다. 여러분은 볼에 집중해야 합니다. 만약 여러분이 잠시 동안 "오, 내 친구가 내가 어떻게 하는지 보고 있다"고 생각하게 되면, 여러분은 질 것입니다. 맞죠? 여러분은 하고자 하는 바에 전적으로 집중해야 합니다. 이 점이 하나입니다. 다른 하나는 여러분은 져야만 하는 것입니다.

Thermal Bath Vals

Homes for Senior Citizens

Kunsthaus Bregenz

지금, 저는 나 자신에 대해 말하고 있습니다. 저는 져야만 한다고 말합니다. 저는 장소를 방문하고 의뢰인의 소리를 듣고 주변을 걸어다니고 서성거립니다. 저는 연구하려 하지 않습니다. 제가 연구를 시작한다면, 저는 정말 어리석은 사람입니다. 이것은 배우면서 알았습니다. 연구는 없습니다. 단지 슬슬 거닐면서 듣고, 느끼고 장소의 울림을 가지면 됩니다. 순간, 아이디어가 자연스럽게 나옵니다. 그게 언제이고 어디서인지는 알 수 없습니다. 저는 이것이 매우 자연스런 과정이라고 생각합니다.

여러분 모두, 우리 모두는 이것을 경험합니다. 또한 제가 발견한 것은 이러한 느낌을 가졌을 때, 다시 아이처럼 되는 것입니다. 느닷없이 10살인가 12살에 이것이 나로구나를 생각했습니다. 저는 꿈꿉니다. 제가 그곳에 있고 무언가가 저에게 오지만, 물론 오지 않는 순진한 꿈입니다. 제 일생의 부분으로써 모든 것은 거기에 있습니다. 하지만 그것은 연구의 산물이거나 참고 자료로써가 아닙니다

제 인생의 부분으로써 저에게 들어온 것입니다. 그것은 제 감정으로부터거나 또는 무언가 제 느낌으로부터이든 어딘가로부터 옵니다. 그래서 저는 그것에 대해 아는 것 없이 아이처럼, 건축을 경험했던 그 시간처럼 같은 장소에 있습니다. 이것이 제가 사랑하는 것입니다. 이러한 시작! 이러한 시작의

Steilneset Memorial

순간을 말입니다. 그런 후 어느 누구도 저의 첫 번째 이미지를 파괴하지 못하도록 보호해야 할 때 정말 힘든 업무가 다가옵니다. 아시다시피, 우리는 건축가로서 일하기 때문입니다. 우리는 정치, 법, 자금, 열악한 상황의 의뢰인, 그리고 모든 이러한 상황에 둘러싸여 있습니다. 때때로 사람들은 제 이미지인 제 아이를 손상시키거나 없애길 원합니다. 따라서 이것은 약간의 고집도 필요합니다. 아마도 제가 완고한 사람이라는 것으로부터 제 평판이 왔기 때문일 것입니다. 물론, 저는 그렇지 않습니다.

나이가 들면서, 저는 일종의... 아이가 되고 또한 아이가 된 속에서 꿈꾸며 무언가를 하는 어떤 식의 안전을 생각합니다. 그때 저는 말합니다. "제가 그것을 좋아할 때, 여러분도 또한 그것을 좋아할 것입니다. 왜냐하면 저는 그렇게 특별하지 않기 때문입니다." 지금 이 상을 받는 순간이 왔습니다. 저는 지금 생각하고 꿈꾸는 것은 좀 더 쉽게 된다는 것을 느낍니다. 저는 할 수 있을 것입니다. 심지어 제가 이방인으로라도 꿈꾸기를 계속할 수 있도록 도와주십시오. 감사합니다.

Zink Mine Museum

Zumthor Studio

# Kazuyo Sejima & Ryue Nishizawa

## Pritzker Architecture Prize Laureate 2010

### PROFILE

Kazuyo Sejima

| | |
|---|---|
| 1956 | 일본 간토지방 북동부의 이바라키현에서 출생 |
| 1981 | 일본여자대학(Japan Women's University) 학사 및 대학원 석사 졸업 |
| 1981 | Toyo Ito 설계사무실 입사 |
| 1987 | Toyo Ito 설계사무실 퇴사 및 Kazuyo Sejima and Associates 설립 |
| 1992 | JIA(일본건축가협회) 젊은 건축가상 수상 |
| 1995 | Ryue Nishizawa와 동경에 SANAA(Sejima and Nishizawa and Associates) 설립 |
| 2000 | Schelling Architekturpreis 수상, 하버드 디자인대학원 객원교수 |
| 2001 | 요코하마 국립대학교, 일본여자대학교, 게이오대학에서 강의 |
| 2005 | Rolf Schock Prize 수상 |
| 2006 | JIA 디자인상 |
| 2010 | 프리츠커상 수상, Venice Biennale 건축 부문 감독임명 |
| 2001~ | 게이오대학(Keio University, Tokyo) 교수 |

## PROFILE

Ryue Nishizawa

| | |
|---|---|
| 1966 | 일본 간토지방 남부의 가나자와현에서 출생 |
| 1987 | Kazuyo Sejima and Associates 설립시 입사(당시 Toyo Ito사무실의 학생) |
| 1990 | 요코하마 국립대학교(Yokohama National University) 학사 및 석사 졸업 |
| 1995 | Kazuyo Sejima 와 동경에 SANAA(Sejima and Nishizawa and Associates) 설립 |
| 1997 | Ryue Nishizawa 설계사무실 실립 |
| 2001 | 요코하마 국립대학교 조교수 |
| 2005 | Rolf Schock Prize 수상 |
| 2006 | JIA 디자인상 |
| 2010 | 프리츠커상 수상 |
| 현 재 | 요코하마 국립대학교 교수 |

## THOUGHT

**"One of our big concerns is how to create a relation between the inside and outside, this is very important for us to think about."**

헤르조그 & 드 뮤론처럼 공동작업을 통해 프로젝트를 진행하는 SANAA Sejima and Nishizawa and Associates는 가즈오 세즈마와 류에 니시자와에 의해 1995년 설립되었다. 특이한 점은 소규모 프로젝트를 진행할 때는 개별적으로 진행하기 때문에 각자의 스튜디오에서 일하고 국제현상설계처럼 대규모 프로젝트를 수행할 때는 공동의 스튜디오에서 함께 진행하여 한 건물 내에 세 개의 스튜디오가 공존한다. 두 사람 모두 Toyo Ito의 설계사무소에서 세즈마는 직원으로, 니시자와는 보조학생으로 만나 1987년부터 세즈마가 설립한 설계사무실에서 함께 일하다 1995년 SANAA를 공동으로 설립하였다. 이들이 함께 작업을 진행하는 데에는 기본적으로 건축을 바라보고 접근하는데 있어 같은 시각을 갖고 있기 때문이다. 두 사람은 모두 건축과 사회, 건축과 공간의 관계성을 중요하게 생각한다.

먼저, 건축과 사회의 관계성을 살펴보면, 사람과 행위, 프로그램과 형태를 다룸에 있어 기존의 통념적이며 관습적인 인식을 배제하고 중립적 시각에서 접근하여 새로운 프로그램을 제시한다. 과거나 역사에 대한 인식보다는 현시대적 상황에 기초하여 사람들의 요구와 관계에 부응하는 프로그램과 공간을 만들어낸다. 다음으로, 건축과 공간의 관계성은 사회현상에 바탕을 두고 기존의 위계나 중심공간은 해체되며 영역간의 경계는 모호하게 처리되어 고정화된 용도가 아닌 새롭고 다양한 관계를 맺는 공간으로 재생산한다. 대표적인 예로 1992년 신일본건축가협회 신인상을 받은 사이순칸 제약회사 여자기숙사 Saishunkan Seiyaku Women's Dormitory와 가나자와 현대미술관을 들 수 있다.

사이순칸 여자기숙사에서는 기존의 사적 · 공적 공간의 위계는 사라지고 다이어그램화된 공간만이 제시되고 있으며 가나자와 현대미술관에서는 원형의 외형에 4개의 출입문을 설치하여 정면성을 없애고 전시장은 위계 없이 나열되고 있다. 또한, 외피와 내부 벽체, 중정을 모두 유리로 처리하여 내부와 외부의 경계를 모호하게 하고 있다.

SANAA에 있어 관습적인 프로그램이나 형태에 있어서의 결정은 미리 규정되지 않고 프로세스과정에서 발생하는 변수를 고려하기 때문에 항상 다양한 가능성이 열려 있다. 즉 사용자의 행태와 관계성을 인식한 새로운 프로그램과 공간구성으로 새로운 공간을 형성한다. 이러한 사용자의 행태, 공간, 프로그램의 관심은 장식이 배제된 형태, 즉 매우 단순하고 명확한 형태, 투명한 외피로 나타나고 있어 미니멀하게 느껴진다.

세즈마와 니시자와는 자신들의 관심사를 다음과 같이 언급한다.

세즈마: “우리는 환경을 만드는 것에 흥미를 느낀다. 건축물이 실내에 머무는 것이 아니라 주변과의 연결을 중시한다. 내부만 잘 만드는 것이 아니라 주변과의 관계도 잘 만드는 것이 건축물을 만들면서 환경을 만드는 것이다. 또 다른 하나는 관계성을 만드는 건축물이다. 단절하면 그것으로 끝이다. 하지만 관계하면 어떤 관계를 만들까 서로 여러 상상을 시작하고 상상을 넓힌다.”

니시자와: “공원과 같은 건축을 하고 싶다. 공원은 나이가 다른 여러 사람이 여러 목적을 가지고 공존한다. 홀로 휴식해도 여럿이서 시끌시끌 놀아도 되는 공간이다. 각자 자신의 공간을 만들지만 공간은 서로 개방되고 연결되어 있다. 무의식 속에서라도 그들은 사회를 만들었다는 것을 느낀다. 그런 건축을 할 수 있지 않을까. 거리에 열린 건축, 거리와 관계하는 건축, 들어가기 쉽고 나오기 쉬운 건축, 그런 철학에서 출발했다.”

## MAJOR WORKS

| | |
|---|---|
| 1987~1988 | Platform I Vacation House, Chiba, Japan |
| 1988~1990 | Platform II Studio, Yamanachi, Japan |
| 1990~1991 | Saishunkan Seiyaku Women's Dormitory, Kumamoto, Japan |
| 1991~1993 | Pachinko Parlor I, Ibaraki, Japan |
| 1993 | Pachinko Parlor II, Ibaraki, Japan |
| 1992~1994 | Villa in the Forest, Nagano, Japan |
| 1993~1994 | Police Office in Chofu Station, Tokyo, Japan |
| 1995~1996 | Pachinko Parlor III, Ibaraki, Japan |
| 1995~1999 | O-Museum, Nagano, Japan |
| 1994~2000 | Gifu Kitagata Apartment Building, Gifu, Japan |
| 1999~2000 | Small House, Tokyo, Japan |
| 2001~2003 | House in a Plum Grove, Tokyo, Japan |
| 1999~2004 | 21st Century Museum of Contemporary Art, Kanazawa, Japan |
| 2003~2005 | Onishi Civic Center, Gunma, Japan |
| 2001~2006 | Toledo Museum of Art Glass Pavilion, Ohio, USA |
| 2003~2006 | Zollverein School of Management and Design, Essen, Germany |
| 1998~2007 | Theater and Arts centre, Almere, The Netherlands |
| 2001~2003 | Christian Dior building, Omotesando, Japan |
| 2002~2007 | New Museum of Contemporary Art, New York, USA |
| 2009 | Serpentine Gallery Pavilion 2009, Kensington Gardens, Hyde Park, London |
| 2005~2010 | Rolex Learning Center, École Polytechnique Fédérale de Lausanne, Switzerland |
| 2010~2011 | Shibaura House, Tokyo, Japan |
| 2005~2012 | Louvre Lens, Lens, France |

ANALYSIS

# House in a Plum Grove

위치 : 4-19-44 Sakuragaoka, Setagaya-ku, Tokyo, Japan
구조 : Steel Frame
규모 : 지상 3층
대지면적 : 92.30㎡
건축면적 : 37.20㎡
연 면 적 : 77.68㎡
준공년도 : 2003년 12월
개념 : "A place to enjoy the blossoming plum trees in the garden."
"a number of small rooms with openings onto each other which still retains the open plan feel."

아이 둘과 노모를 모시고 사는 젊은 부부는 초기 깨끗하고 빛이 충만하며 허세를 부리지 않는 원룸 스튜디오 형태, 아이들을 키우는데 장애를 받지 않는 빈 캔버스와 같은 중립적인 주택을 요구했으나 세지마는 각 실이 개방된 작은 방들의 조합으로 계획하였다.

세지마는 하얀색 큐브상자 안에 독특한 거실과 커다란 식당과 부엌, 작지만 걸터앉을 수 있는 실들로 구성하였는데 한 개의 큰 실보다 작지만 여러 개의 실로 나누고 계단으로 연결함으로써 가족은 원하는 실을 선택할 수 있으며 좀 더 개인적인 공간을 가질 수 있도록 하였다.

이 주택에서 공간의 위계는 찾아볼 수 없으며 16㎜의 얇은 벽을 사용한 벽체는 경계를 나누는 역할을 하는 대신 개인적인 공간을 강화하는 동시에 다른 실과의 관계를 설정하는 요소로 사용되고 있다. 모든 벽은 벽지 대신 백색의 페인트로 마감함으로써 공간의 차별이나 위계는 존재하지 않는 중립적인 공간으로 만들었다.

주변 현황

자두나무(plum tree)와 야생화로 둘러싸인 대지

배치도

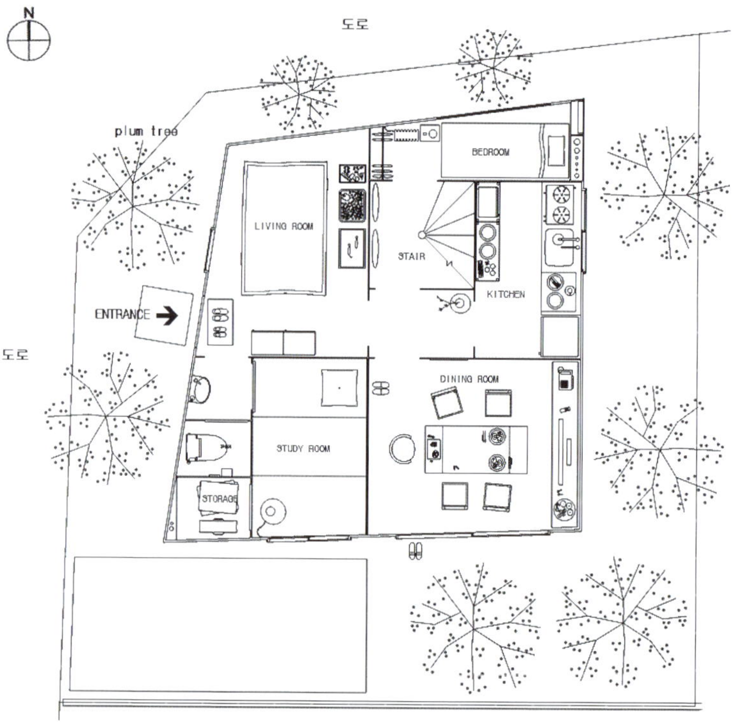


거실은 서북향에 위치하며 규모나 향에 있어서 통념적인 위계를 무시하고 있다.

평면도

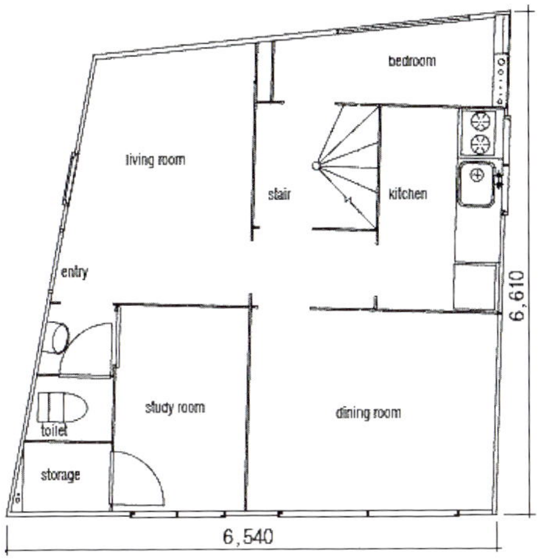


1층 평면도

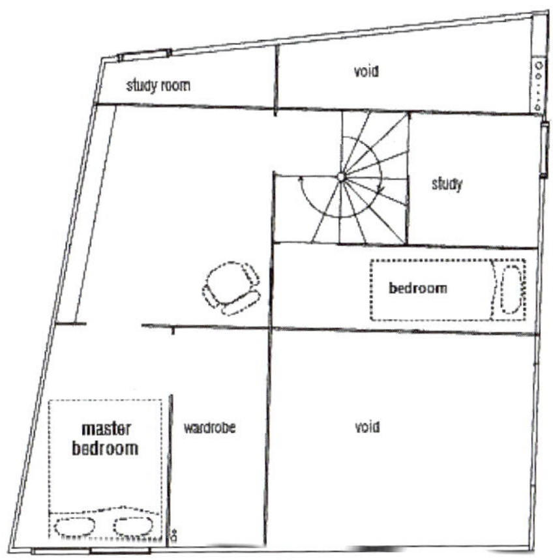


2층 평면도

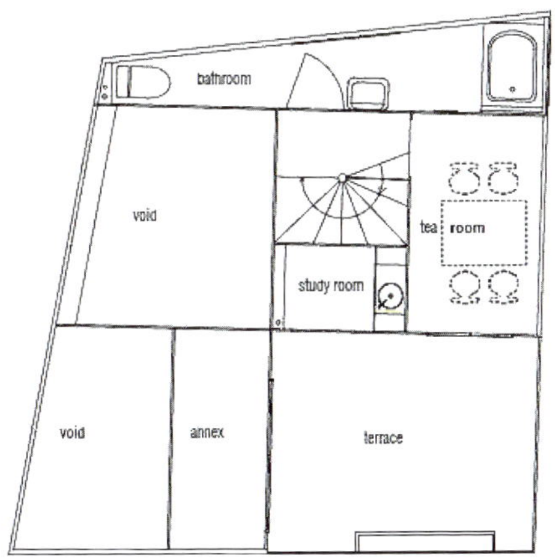


3층 평면도

또한, 각 실은 문 없이 개방되어 있고 일반적인 창호와 달리 사각형의 통창이 대부분을 차지하고 있으며, 창문의 위치도 무질서하게 계획함으로써 외관에서도 어떤 위계도 찾아볼 수 없다. 단지 출입문만이 정면임을 암시한다.(파주출판단지 동녘출판사사옥, Zollverein School of Management and Design 건물에서도 유사한 입면의 형태를 볼 수 있다.)

내부의 특징을 좀 더 구체적으로 살펴보면, 전형적인 LDK형식의 주거와 달리 이 집은 2개 층에 걸쳐 16개의 서로 다른 작은 실로 구성하였고, 지붕에는 다실 tearoom과 아이를 위한 흙으로 덮인 테라스를 계획하였다. 특별한 가구나 활동은 최소화되었는데 아이방의 경우, 작은 침실방과 공부방의 책상이 전부인 공간이 되도록 제안하였다. 내부의 문과 창을 없앰으로써 어떤 방에서는 다른 방의 창문을 통해 외부를 볼 수 있도록 시선이 개방되고 창문을 통해 들어온 외부 공기는 자유로이 실과 실을 통과한다. 이러한 개방으로 인해 개인의 프라이버시가 침해되는 것은 아닌가 걱정할 수도 있으나 다양한 실을 자신의 기분에 따라 선택하여 사용할 수 있도록 함으로써 오히려 가족간 프라이버시의 유연성을 높이는 동시에 유대관계를 더 강화하는 역할을 하고 있다.

조감도

준공시 모습

현재 모습

입면도

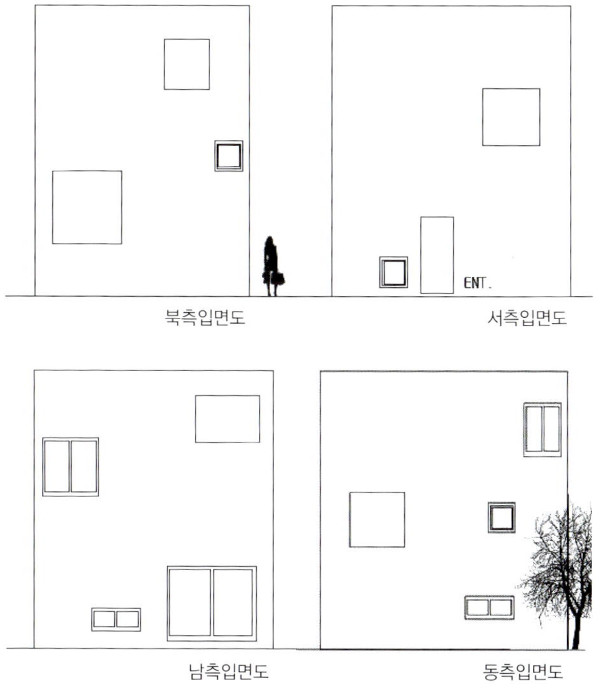


이 주택의 가장 큰 특징 중 하나로 단열과 공조를 들 수 있다. 공간의 효율을 높이기 위해 외장재는 철판 steel sheets을 사용하여 50mm까지 두께를 줄였으며, 외장 철판에는 백색의 반사페인트를 칠하여 여름철의 더운 공기는 정문 외에는 들어올 수 없도록 하였다. 또한 30mm 두께의 단열재를 사용하여 겨울철 차가운 외기가 들어오지 못하도록 하고 있으며, 상부에만 공조 유닛을 설치하여 상부의 더운 공기가 하부 각 실로 순환하도록 계획하였다.

이 주택에서 보듯이 SANAA가 보여주는 공간은 위계를 해체하고 중심성이 없으며 모호한 경계를 갖는다. 이러한 공간개념은 비현실적이기 보다는 새롭고 다양한 관계를 제시함으로써 통념적이고 관습적인 것들의 의미를 다시 생각하게 한다.

입구의 자두나무(Plum tree)

비록 작은 공간이지만 입구의 plum tree가 출입을 맞아준다.

각실

1층 아들방

2층 딸방

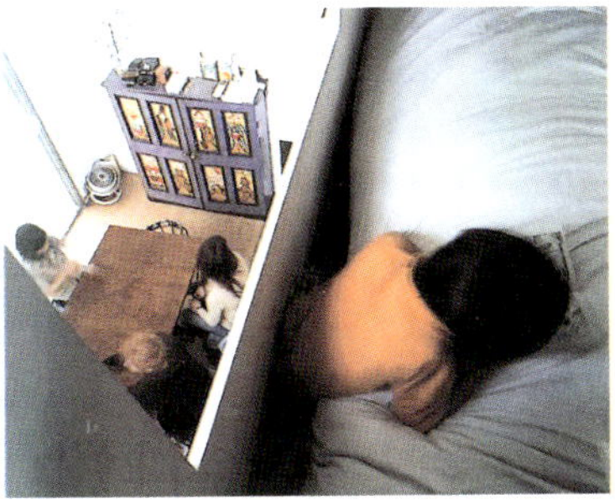

딸방에서 내려다 본 식사실

딸방과 연결된 void 공간

3층 테라스(roof garden)

3층에서 본 서재

"나 역시 역사와 전통이라는 이슈에 대해 많은 생각을 한다. 단지 이를 대대적으로 인정하기 보다는 당연시되어 온 가정들을 다시 생각하는데서 출발하려고 노력한다. 내 앞에 놓인 모든 요건을 주의 깊게 고려해서 무언가 새로운 발견을 하겠다는 희망을 가지고 조금씩 전진하는 것이다.(el croquis 77[1]+99, sejima kazuyo & koji taki와의 대화)"

## ACCEPTANCE SPEECH

Ellis Island, New York Bay

친애하는 신사숙녀 여러분, 이 멋진 장소에 우리를 초대해 주셔서 정말 영광스럽습니다. 오늘밤, 우리는 여러분과 함께 여기에 있어 너무나 기쁩니다.

프리츠커가에 진심으로 감사드리며, 특히, Cindy & Tom, and Margot Pritzker께 감사드립니다. 하얏트 재단에도 감사드립니다. 우리를 선택해 주신 심사위원님들께도 감사드립니다. 우리의 일을 생각하고 실현할 수 있도록 기회를 주신 의뢰인들께도 감사드립니다. 수년간 좋거나 힘든 시간을 함께 겪어온 직원들에게도 감사드립니다. 우리의 일과 관련된 조언자들과 기술자들 모두에게도 감사하고 싶습니다. 우리는 그들의 전문지식과 열정에 의해 깊이 고무되었습니다.

Pachinko Parlor I

Pachinko Parlor II

Pachinko Parlor III

여러분 모두에게 우리의 감사가 차고 넘치길 바랍니다. 특히, 두 분의 특별한 분들께 이 자리를 빌려 감사드리고 싶습니다. 오늘밤 이 자리에 계신 Mutsuro Sasaki님과 Toyo Ito님이십니다. 수년 동안, Sasaki님은 우리의 많은 프로젝트 구조계획에 영향을 주셨으며, 우리 디자인의 대부분은 그와 함께 실현되었습니다. 우리의 협업은 그가 구조계산을 하고 우리는 디자인을 하는 사업상의 관계로써 단순히 설명할 수 없습니다. 그는 무한한 가능성을 볼 수 있도록 우리를 도와줌으로써 창조적 비전의 연대 이상입니다. Sasaki님이 없었다면, 우리의 건축은 완전히 다른 것으로 발전했음에 틀림없습니다. 따라서 선생님께 매우 감사드리고 싶습니다. Sasaki님, 당신이 우리를 위해 해주신 모든 것에 깊이 감사드립니다.

아시다시피, Toyo Ito님은 우리가 건축의 세계로 첫발을 들여놓은 이후 우리에게 있어서는 엄청나게 영향을 주신 저명인사였습니다. 다시 한 번, 우리의 한없는 감사와 존경을 표하고 싶습니다. 그의 훌륭한 작품과 말씀들, 그리고 비평은 우리에게 방향을 제시해 주셨으며 과거에는 측량할 수 없는 방식에 있어서 영향을 주셨고 미래에도 의심할 여지없이 계속될 것입니다.

Gifu Kitagata Apartment Building

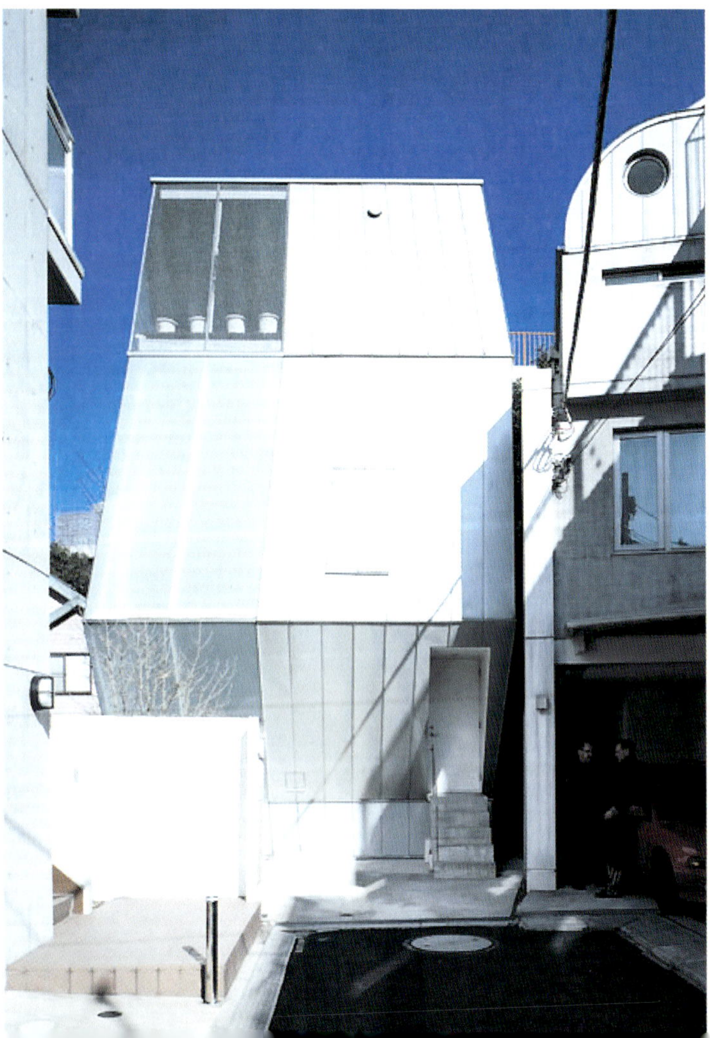

말로는 이토 선생님에 대한 우리의 감사와 존경을 표현할 수 없습니다. SANAA라는 건축 스튜디오를 설립한 지도 15년이 되었습니다. 그때를 뒤돌아보면, 전 세계에 이렇게 많은 프로젝트를 진행하리라고는 상상도 못했으며 심지어는 이처럼 영광스런 상을 받기 위해 오늘밤 여기에 서 있을 것이라고는 꿈에도 몰랐습니다. 우리가 SANAA로 시작한 이유는 호주의 현대미술관 증축을 위한 공모전 때문이었습니다. 국제적인 프로젝트로 일할 수 있는 첫 번째 기회였고 그 당시까지는 사무소에서 가장 규모가 큰 것이었으므로 팀을 구성하는 것이 재미있을 것이라고 생각했고 상당히 가벼운 마음으로 그렇게 했습니다. 그 프로젝트는 실현되지 않았지만 SANAA로써 함께 한 우리는 네덜란드 알미르 극장과 일본 가나자와의 미술관 공모전에서 당선되었습니다. SANAA는 오늘도 계속적으로 존재하는데 그 이유는 이 같은 프로젝트에서 일할 수 있는 멋진 기회가 있었기 때문입니다.

우리는 계속 함께 일하면서 시행착오, 방향, 흥미, 열정은 점점 더 분명해졌습니다. 뒤돌아보았을 때, 우리의 방향을 규정해 준 중요한 프로젝트 중 하나는 가나자와의 21세기 현대미술관 계획이었습니다. 이 미술관은 도시의 한 중심에 위치하고 있습니다. 우리는 전문가뿐만 아니라 예술과 직업적으로 연관이 거의 없는 시민들을 위한 "열린 미술관"이라는 개념으로 시작했습니다. 정면도 없고 배면도 없어서 어떤 방향에서나 자유롭게 들어갈 수 있는 미술관을 제안했습니다.

또한 이 지역의 역사적인 배경 때문에 문맥과 함께 건물의 관계와 주변 환경에의 영향을 신중하게 생각하였습니다. 건물이 완공되고 사람들이 그 미술관을 사용하면서 즐거워하는 것을 보았을 때, 우리는 건축에 있어 "열림"이 되도록 하는 것이 얼마나 아름다운지 진정으로 깨달았습니다. 우리의 가장 큰 목표는 이 미술관 때문에 더욱 분명해졌습니다. 그러므로 이 미술관과 가나자와시, 시장님, 그리고 훌륭한 기회를 주신 가나자와 시민들께 감사를 표하고 싶습니다.

Onishi Civic Center

그 이후로, 이곳 뉴욕과 오하이오주의 Toledo Museum of Art Glass Pavilion 프로젝트에 관여하게 되었습니다. 우리는 새로운 현대미술관을 계획할 수 있는 기회를 얻게 되었습니다. 이 프로젝트에서, Bowery Street의 활력과 미술관, 철학의 울림을 가까이 연결시키는 건물을 창조하기를 원했습니다. 그 건물은 수직적으로 프로그램을 수용하고 꽤 높아졌는데 대지의 크기가 제한되었기 때문입니다. 높이에도 불구하고 그 미술관은 뉴욕커들의 활동과 도시의 살아 있는 분위기에 반응하고 흡수하는 것을 목적으로 하였습니다.

스위스 로잔공과대학교의 Rolex Learning Center는 올해 문을 연 3차원 공간구성의 건물입니다. 하나의 거대한 방은 위 아래로 파도모양을 이루고 건물 자체는 풍경이 되며 건물의 지형은 다양한 종류의 공간을 제공합니다. 다시, 우리의 목표는 사람들에게 열려 있는 건물을 짓고 다른 환경을 창조하는 것이었습니다. 가나사와의 미술관 이후 생각해 왔던 이러한 생각은 좀 더 조직적이며 3차원적으로 되도록 발전되었습니다.

Toledo Museum of Art Glass Pavilion

Serpentine Gallery Pavilion 2009

House in a Plum Grove

O-Museum

Zollverein School of Management and Design

New Museum of Contemporary Art

함께 SANAA 스튜디오에서 일하는 것뿐만 아니라 우리 둘은 동시에 각각 자신의 개인 사무소를 운영하고 있습니다.

따라서 좀 의아하게 들릴지 모르겠지만, 하나의 지붕 아래에서 3개의 스튜디오에서 함께 일하고 있습니다. SANAA는 국제적 프로젝트와 공모전 위주로 일을 하고, 개인 사무소는 친구주택이나 개인갤러리 작업을 진행합니다. 예외는 있지만 기본적으로 이렇게 일합니다. 사람들은 우리에게 종종 왜 그런 방식으로 일하는지 묻거나 그런 방식은 혼란스럽거나 매우 효율적이지 못해 보인다고 비평합니다. 하지만 우리는 이 방식으로 일하는 것이 좋기 때문에 계속하고 있습니다. 개인 사무소에서, 우리는 자신의 건축에 대하여 각자 생각하며 스스로의 아이디어와 투쟁합니다. 동시에 SANAA에서는 제각기 비평하고 영감을 줍니다.

우리는 이 방식으로 일하는 것이 서로에게 많은 가능성을 열어준다고 믿습니다. 이 상을 우리 둘이 받았다는 사실이 이것을 더욱 확신시켜 주고 있습니다. 우리는 너무 행복하며 진심으로 감동스럽습니다. 다시 한 번, 여러분께 진심으로 감사드립니다. 이 상은 단지 우리의 과거 작품에 대한 인정만이 아니라 새로운 건축적 창조를 향한 격려라는 것을 알고 있습니다. 우리의 목표는 좀 더 나은, 혁신적인 건축에 있습니다. 또한 우리는 그렇게 하기 위하여 우리의 최선의 노력으로 앞으로 나아가기를 계속할 것입니다. 정말 감사합니다.

Platform I. Vacation House

Police Office in Chofu Station

Shibaura House

Villa in the Forest

Saishunkan Seiyaku Women's Dormitory

Theater and Arts centre

Louvre Lens

Rolex Learning Center

## Reference & Photo credit


HERZOG & DE MEURON 1992-1996, 2005 Birkhäuser

Glenn Murcutt : buings + projects 1962-2003

EL Croquis Zaha HADID 1983-2004

MORPHISIS : Buildings and Projects 1993-1997

Paulo Mendes Da Rocha :Projects 1957-2007

Richard Rogers + architects : from the house to the city

Jean Nouvel Finest S.A/ EDITIONS PIERRE TERRAIL, 2001

Houses : Kazuyo Sejima + Ryue Nishizawa

www.pinterest.com

www.google.com

www.pritzkerprize.com

www.storiesofhouses.blogspot.kr

www.flickr.com

송준호(宋俊昊)

서울대학교 대학원 건축학과 박사
연세대학교 일반대학원 건축공학과 석사
충북대학교 건축공학과 학사
이랜드그룹 예촌건축 근무
숭실대학교 강사
건축사(建築士)
현, 인덕대학교 건축과 교수

주요작품
마포은석교회
대전 H 어린이집
김천 K대학교 삼락관 리모델링
인덕대학교 사열대

**프리츠커상을 빛낸 현대건축가 2001~2010**

2013년 11월 25일 1판 1쇄 인쇄
2013년 11월 30일 1판 1쇄 발행

| | |
|---|---|
| 저 자 | 송 준 호 |
| 발 행 인 | 강 해 작 |
| 발 행 처 | 기 문 당 |
| 주 소 | 서울시 성동구 무학봉 28길 4-1(왕십리동 966-22) |
| 전 화 | 02) 2295-6171(代)~5 |
| 팩 스 | 02) 2296-8188 |
| 출판등록 | 1976. 10. 7(1-44) |
| 홈페이지 | http://기문당<br>http://www.kimoondang.com |
| I S B N | 978-89-6225-546-1 03540 |

정 가 20,000원

검인생략

이 도서의 국립중앙도서관 출판시도서목록(CIP)은 서지정보유통지원시스템 홈페이지(http://seoji.nl.go.kr)와 국가자료공동목록시스템(http://www.nl.go.kr/kolisnet)에서 이용하실 수 있습니다.(CIP제어번호: CIP2013021911)